数码摄影核心技法宝典

从 前 期 到 后 期

U0343457

郑志强

编著

人民邮电出版社

北京

图书在版编目（CIP）数据

数码摄影核心技法宝典 ： 从前期到后期 / 郑志强编
著. -- 北京 ： 人民邮电出版社，2018.7
ISBN 978-7-115-47308-0

Ⅰ．①数⋯ Ⅱ．①郑⋯ Ⅲ．①数字照相机－摄影技术
②图像处理软件 Ⅳ．①TB86②J41③TP391.413

中国版本图书馆CIP数据核字(2018)第002891号

内 容 提 要

摄影已经进入到数码时代，对于摄影初学者，现在不仅要掌握前期拍摄技巧，还要熟悉一些简单的后期技法，才能得到自己心仪的照片。

本书总结和概括了摄影初学者应当了解的摄影器材基本知识、新机上手及设定、对焦、测光与曝光、画面效果、色彩控制、摄影美学理念、提升照片表现力的技巧，然后总结了风光、人像、花卉、夜景、星空等题材的实拍经验，最后用较大篇幅介绍了摄影后期的实战知识。书中从原理和修片思路的角度向读者讲述后期制作方法，使读者可以尽快学会后期制作。

本书的优点在于为读者建立了非常完整的摄影入门知识体系，从拍照到摄影，从技术到美学、再到实拍，最后是摄影后期技术和思路的分享。相信读者在学习本书内容之后，可以真正实现摄影、摄影后期的提高！

本书内容非常全面，适合摄影新手从入门开始，循序渐进地学习，也适合摄影培训机构用作教材。

◆ 编　著　郑志强
责任编辑　胡　岩
责任印制　周昇亮

◆ 人民邮电出版社出版发行　　北京市丰台区成寿寺路 11 号
邮编　100164　电子邮件　315@ptpress.com.cn
网址　http://www.ptpress.com.cn
北京东方宝隆印刷有限公司印刷

◆ 开本：787×1092　1/16
印张：22　　　　　　　　　　2018 年 7 月第 1 版
字数：709 千字　　　　　　　2018 年 7 月北京第 1 次印刷

定价：99.00 元
读者服务热线：**(010)81055296**　印装质量热线：**(010)81055316**
反盗版热线：**(010)81055315**
广告经营许可证：京东工商广登字 20170147 号

　　每当看到绝美的自然风光，每当看到感人的故事，每当看到优美的舞台表演，每当看到刺激的体育比赛，每当……相信大家都有一种冲动，想把眼前这些瞬息记录下来变为永恒。画家用画笔记录世界，而我们则可以更方便、更快捷地用相机抓住这些精彩的瞬间。从这种意义上说，摄影即是用相机作画，人人都是画家。

　　当然，摄影并不是简单的电子产品应用，成为画家的过程也并没有想象中那么简单。摄影是一种技术、理念与艺术灵感相融合的创作过程。如果你拥有一部数码单反相机，之后就要学习摄影技术、摄影理念，还要培养一定的艺术感。

　　在拥有本书之后，摄影的一切知识都将化繁为简，因为从本书中你可以学到光圈、景深、快门、测光、曝光、对焦、感光度等综合的摄影技术，可以领悟构图、光影，以及色彩等摄影艺术理论，足不出户就可以掌握风光、人像、纪实、民俗、体育、舞台、微距、旅行等题材的摄影实拍技术，最后本书会为摄影者介绍最简单、实用的后期处理技巧。

　　对于一名摄影爱好者来说，拥有本书即可别无所求！

郑志强

扫一扫 学摄影

资源下载说明

本书附赠72分钟的教学视频及后期处理案例的相关文件，扫描"资源下载"二维码，关注我们的微信公众号，即可获得下载方式。资源下载过程中如有疑问，可通过在线客服或客服电话与我们联系。

客服邮箱：songyuanyuan@ptpress.com.cn

客服电话：010—81055293

CONTENTS
目录

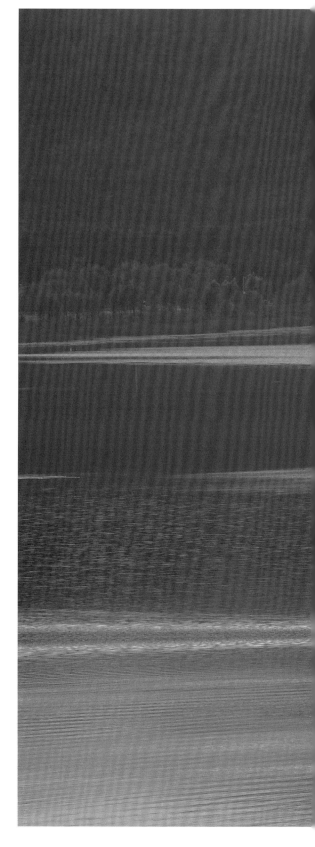

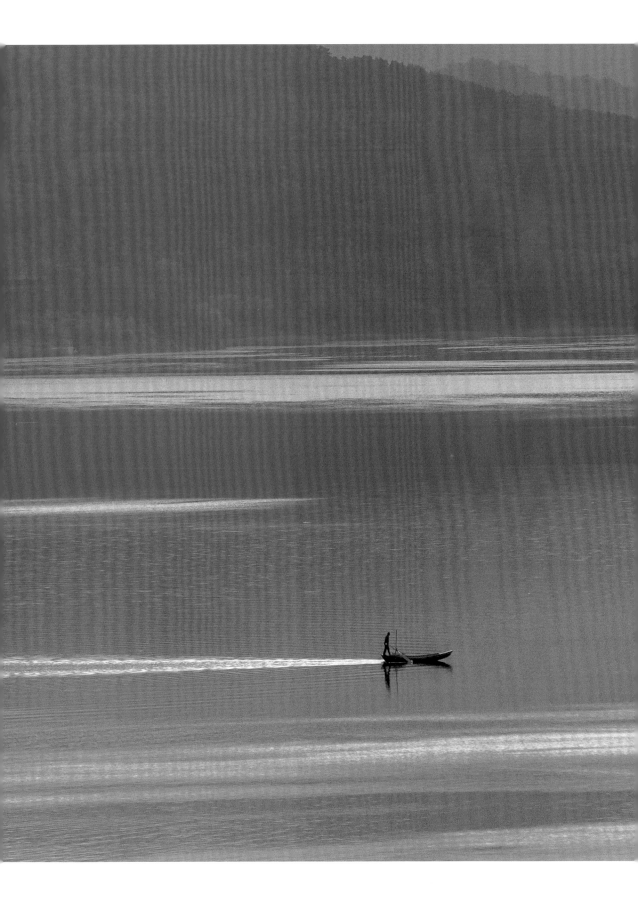

▶ 光圈f/4，快门速度1/320s，焦距190mm，感光度ISO400

1 熟悉相机

在学习如何拍照，如何进行摄影创作之前，本章将介绍一些与摄影相关的基本常识，以及相机的分类及特点等知识。

1.1 摄影的概念与功能

技术性摄影

摄影首先是一门技术。利用胶片或影像传感器的作用，使用相机把拍摄对象的外在细节记录在胶片或存储卡上，然后再利用银盐还原或数据再现的方式把它们还原成实体或电子格式的照片。这种影像再现的过程，就是摄影。

传统的摄影利用胶片记录拍摄信息，然后再利用银盐将拍摄对象的色彩、明暗、形状等信息还原出来，这本身要涉及物理光学、化学变化等技术因素；当代的数码摄影及数码单反摄影，则首先利用光学技术，将拍摄对象的色彩、明暗、形状等信息变为数字电子信息，然后以二进制数值将这些信息转换并保存，最后在显像装置上显示出来，这反映了技术的革新和进步，是当代先进科学技术的体现。

1839年法国人达格瑞（Daguerre）发明了银版法，这是最初的技术性摄影一次里程碑式的发明。从此，胶片摄影开始风靡欧洲，并向全世界迅速普及

小提示　如果使用胶片相机拍摄，那么相机快门、光圈等的变化为机械技术控制，光线进入相机照射到底片后进行化学反应，最后在暗房中再经过一定的化学反应还原照片；当前的数码摄影则涉及机械、光学、物理、计算机存储等各种技术，是当代各种尖端技术的综合运用。

↑我们看到的纸质或数码格式的照片，都是真实场景先经过拍摄，再经过一系列的技术处理而得到的

▲ 光圈f/8，快门速度1/180s，焦距40mm，感光度ISO160

摄影的艺术性

　　摄影最初的诞生与艺术本身并无很大关联, 只是作为一种再现影像的技术手段为人所知, 但经过了 近170年的发展历程, 当前任何人都不能否认摄影已经成为一种重要的艺术形式。早期的摄影受西方绘画艺术的影响非常大, 构图、色彩、主题等摄影的要素均来源于绘画, 它们中的许多作品都是模仿美术作品而诞生的。许多摄影师会将自己的摄影作品进行模糊或

其他处理, 从而创造出类似于油画作品的照片, 这更是一种摄影与绘画艺术相通的表现。当然, 世界各地都有模仿绘画作品进行摄影创作的风潮, 并且融合了东西方文化与艺术的各种风格。构图、光影与色彩这三个要素也逐渐成了摄影艺术的理论基础。

大橡树下的母马和马驹　乔治·斯塔布斯 生于英格兰 (1724-1806)

绘画艺术作品是摄影学中构图、光影、色彩理论的源头

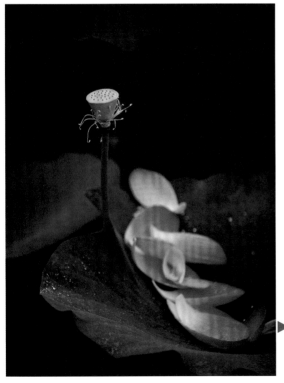

对照片进行艺术化处理, 可以发现摄影与绘画艺术的相通之处

作为工具的摄影

作为工具的摄影主要是指个体将摄影作为观察、记录社会事件的工具。早期的地理学家、旅行家都会用纸笔记录沿途的所见所闻，后来他们中的一些人又用相机记录风土人情、历史事件等，这是摄影作为工具的一种体现。当代的所有传媒机构包括纸媒、电视媒体等都会有大量的摄影记者，他们的任务是关注人类的生活方式和生存结构、记录最新发生的事件、留下非常重要的历史时刻。利用摄影这一工具来实现，远比文字来得直观和迅速。用最简单的语言概括，即摄影是一种记录的工具。这种记录工具的功能，也包括普通摄影初学者所应用的范畴，即人文、风俗、风光、人像等各种题材的创作。

←利用一位当地老年妇女的形象反映出当地的部分风土人情
◀ 光圈f/2.8，快门速度1/50s，焦距200mm，感光度ISO100

←利用真实记录的方式表现出晨雾下大美新疆的动人风光
◀光圈f/4，快门速度1/320s，焦距190mm，感光度ISO400

摄影是一种媒介

　　摄影作为媒介的这一功能，是到了现代和当代才变为现实的。主要是指借助于纸媒和电视媒体，社会个体或团体将自己需要分享和发布的信息传递给受众，以期达到一定的目的，收获一定的利益。之前是摄影与印刷技术结合的报纸广告，到了当代，电视、电影媒体上所播放的广告，街边耸立的巨型广告牌，都是摄影作为媒介使用的最直观体现。视频格式的影像虽说在某些功能上优于简单的摄影，但却来源于摄影。

　　作为媒介的摄影，通常被称为商业摄影。这类摄影的要求非常高，不单要求摄影者具有高超的摄影技术和良好的艺术感觉，还要求照片拍摄完成后进行特殊的商业、艺术处理，给原作品加上一定的商业信息或美感，使受众更能够接受摄影作品所携带的主题信息。对于一般摄影玩家来说，这种形式的摄影相对陌生，它只属于特定的摄影师群体。

↑商业摄影一般需要进行特殊的设计，包括拍摄对象的摆放、布光，加入润色道具等，要求较高

▲ 光圈f/2.8，快门速度1/50s，焦距200mm，感光度ISO100

1.2 认识相机

　　常见的数码相机根据设计特点和结构不同，通常可以分为八大类：数码单反相机、数码无反相机、数码无反相机和 DC 卡片机。前三种类型中，大多数机型都可以更换镜头，适用范围较广，成像品质较高。

DC卡片机

　　DC 卡片机（DC 卡片式便携数码相机）不可更换镜头，传感器尺寸较小，局限性也较强，通常摄影师会将其作为随身的便携拍摄工具。随着智能手机拍照功能的不断完善，曾经最畅销的 DC 卡片机的地位越来越尴尬，目前 DC 卡片机的新品大多以运动、防水或是复古等一些趣味性作为主要卖点。

徕卡D-LUX 6卡片机

←当前高端的DC卡片机，体积小巧，成像锐利，是摄影师乐于随身携带的扫街利器

◀光圈f/18，快门速度1/20s，焦距18mm，感光度ISO100，曝光补偿-0.3EV

数码单反相机

数码单反相机的全称是数码单镜头反光相机（Digital Single Lens Reflex Camera），英文缩写为 DSLR。

数码单反相机的工作原理是光线透过镜头到达反光镜，反射到上面的对焦屏，再通过五棱镜的折射（或反射）成像。使用者透过目镜可以在取景器中实时看到景物，这个过程是利用光学取景的。拍摄时按下快门，反光镜弹起，感光元件（CMOS或CCD）前面的快门幕帘打开，光线通过镜头到达感光元件，并转换成电子信号存储为图像文件。快门关闭后，反光镜恢复原位，取景器中可以再次看到对焦屏上的成像。

NIKON D4专业级数码单反相机

↓数码单反相机在专业拍摄领域用途最为广泛，像本画面这样，可以在夜晚的弱光下自由拍摄，并且此时的照片成像品质依然出众
▼ 光圈f/22，快门速度10s，焦距24mm，感光度ISO100

数码单电相机

单电相机指的是单镜头电子取景相机，外观与数码单反相机几乎没有差别，但采用半透镜技术替换了数码单反相机的反光镜以提升连拍能力，并可以很好地兼顾视频拍摄，目前主流机型以索尼 α 系列为代表。数码单反相机与数码单电相机最大的区别在于将反光镜替换为半透镜，通过电子取景器（EVF）实现了实时取景，对于摄影效果可以做到所见即所得。

数码单电相机的感光元件与数码单反相机的级别相同，大于数码无反相机及便携的卡片机，在光线充足的条件下其画质表现尤佳，可以满足初学者对各种题材的拍摄需求。

目前与数码单电相机配套的可更换镜头的规格和品种较少，因此拍摄的自由度会受到一定制约。充分了解数码单电相机的优缺点，选择时根据自己的实际情况进行综合考量，才能发挥其最大的功用。

索尼 α 99单电相机

数码无反相机

无反相机是单镜头无反光镜电子取景相机的简称，包括索尼 α 7 系列、NEX 系列、松下 GF 系列、奥林巴斯 EP 系列等。

数码无反相机与数码单反相机最大的区别就是没有反光镜、机顶的取景系统以及对焦系统也不同，其优势主要在于体积较小，重量较轻，便于携带，但是在高感画质、自动对焦速度及快门时滞等方面仍与数码单反相机存在明显的差距，多被摄影师作为备机使用。对于非专业的摄影初学者，因为其价格便宜，操作简单，是很好的入门机型。

索尼 α 7S无反相机

奥林巴斯EP5无反相机

总结：选择合适的器材

从普遍性、灵活性和易扩充性等方面综合考虑，数码单反相机是摄影师的首选，几乎可以用来应对所有题材；数码单电相机可以视作小型化的数码单反相机，但在对焦速度和操控性上与数码单反相机存在一定的差距；当前，可更换镜头带来的出色画质、体积较小带来的便携性，让数码无反相机开始迅速普及；超级便携的卡片机作为备机，几乎是所有摄影师都会携带的"暗器"（近年来有被手机取代的趋势）。

1.3 选择单反与无反的理由

镜头多，照片多种花样

普通相机无法更换镜头，拍摄的画面比较单一，即使能够变焦，范围也十分有限，而数码单反相机或数码无反则可适配广角、望远、微距等多种类型的镜头，使摄影初学者可以根据具体的拍摄场景和情况，调整焦距以及光线等具体的参数，选择能够展现最佳效果的镜头，拍摄出最理想的画面。不同品牌厂家的镜头群性能也各有特点，摄影初学者可以根据自己的机身以及个人喜好进行选择。

数码单反相机与数码无反相机庞大的镜头群，涵盖从广角到长焦、再到超长焦的焦段，能够满足摄影者不同的拍摄需求

↓接装长焦镜头，可以拍摄远距离外的对象
▼ 光圈f/3.2，快门速度1/2000s，焦距400mm，感光度ISO200，曝光补偿+0.3EV

↑接装广角镜头，在拍摄大场景时可以容纳下更多的景物

▲ 光圈f/11，快门速度1/30s，焦距16mm，感光度ISO160，曝光补偿−0.7EV

↓接装微距镜头，具备非常小的对焦距离，确保摄影者的相机可以尽量靠近拍摄对象，将对象表面的细节分毫毕现的拍摄下来，完美

▼光圈f/5，快门速度1/200s，焦距105mm，感光度ISO800

对焦准+快，捕捉精彩瞬间

拍摄运动对象，特别是在高速运动的情况下，使用普通相机在许多时候根本无法进行有效对焦，即使等待对焦完成，画面也已经变得毫无价值了，而使用数码单反相机或数码无反相机则可以快速完成对焦，拍下清晰的照片。

→利用手机或是一般数码卡片机，是很难对花瓣中间的飞蛾进行对焦的，往往会被上方的花瓣干扰，但数码单反相机则不同，它可以通过调整对焦点的位置，改变对焦点的大小，或是改为手动对焦等方式，精准地对在飞蛾上，实现自己的拍摄意图
▶ 光圈f/5，快门速度1/800s，焦距105mm，感光度ISO800

↓在拍摄高速运动的拍摄对象时，使用数码单反相机或数码无反相机拍摄，具有很快的对焦速度，可以快速捕捉并对主体进行清晰对焦
▼ 光圈f/2.8，快门速度1/500s，焦距400mm，感光度ISO800，曝光补偿−0.7EV

↑像这张照片，无论是数码无反相机还是数码单反相机，都能拍摄下来，但整个夜晚多次拍摄，对电池电量是很大的考验。数码无反相机较高的耗电量，可能无法让你畅快地拍完整个晚上，除非你带了足够多的一堆电池

▲ 光圈f/5.6，快门速度51s（多张堆栈），焦距16mm，感光度ISO1600

选无反，需要注意的事儿

　　随着技术的不断进步，当前的数码无反相机已经逐渐接近和拉平了与数码单反相机的差距，变得开始普及起来，并且数码无反相机的体积较小，重量较轻，深受一些摄影者的喜爱。但在这里，仍然要给大家提个醒，当前的数码无反相机，依旧存在两个方面的不足：其一，因为取消了光学取景器，采用电子取景，所以数码无反相机的耗电量比较大，电池续航是最大问题；其二，当前数码无反相机在镜头的拓展性方面，仍显不足，比如说许多副厂的长焦镜头等，都没有适合数码无反相机镜头的卡口。

　　▶ 光圈f/5.6，快门速度1/60s，焦距200mm，感光度ISO200

↑普通数码单反相机，选一款高性价比的超长焦镜头（可能几千，多说万元）就可以很轻松地拍摄生态等题材，但像适马、腾龙等品牌很少有超长焦镜头能够接装在数码无反相机上。如果使用原厂的超长焦镜头，动辄数万的价钱，就会令人望而却步了

1.4 相机的画幅与分类

不同画幅的关系

对于当前的数码单反相机来说，画幅用于描述感光元件尺寸的大小

画幅的含义： "幅"这个字含有幅度、尺寸的意思，对于传统的胶片相机来说，也就是胶卷尺寸的大小，而对于数码相机来说，则就是感光元件的尺寸大小。不同画幅照相机可以产生不同大小的影像效果。根据不同的画幅，照相机主要可以分为大画幅、中画幅、全画幅、APS画幅等。

大画幅相机： 指底片尺寸为 4in×5in 的照相机，换算成公制单位即 101.5mm×127mm，而当前主流数码单反相机的底片（感光元件）尺寸为 36mm×24mm，由此可见大画幅底片尺寸之大。底片尺寸较大，拍摄视角就会较大，从而成像清晰，质感真切，影调与色调层次细腻、动人，细节再现能力非常良好。大画幅相机主要有仙娜、林哈夫等品牌。

大画幅相机的镜头架和镜头沿单轨轨道或折叠基板滑动调节伸缩皮腔，可达到聚集效果

中画幅相机在便携性、电子性能上虽然已经有了进一步的提高，但在使用时仍然不能像当前主流的数码单反相机那样方便

中画幅相机： 是指底片尺寸大于全画幅 36mm×24mm，而小于大画幅 101.5mm×127mm 的相机。当前，中画幅相机使用宽度约为 60mm 的 120/220 底片，主要尺寸类型有 60mm×45mm、60mm×60mm、60mm×70mm、60mm×90mm 等。

中画幅照片可以提供丰富的细节，但是高感和连拍等性能不如全画幅单反相机，所以比较适合用于影棚拍摄，同时中画幅相机非常昂贵，需要考虑是否值得使用。生产中画幅相机的著名品牌有哈苏、玛米亚富士、奥林帕斯、潘泰克斯、骑士等。

全画幅相机： 全画幅也被称为 135mm 画幅。在胶片相机时代，相机使用的胶卷尺寸为电影胶卷的尺寸，长边为 35mm，这就是 35mm 画幅（后来相机胶卷的实际尺寸演变为了 36mm×24mm，但 35mm 画幅这个名称却一直沿用了下来）。胶卷一次使用一个，用完就换一个，是一次性的（最常见的如前几年人们使用的傻瓜相机），所以就在 35mm 前加了 1 用来标注，这就是 135mm 画幅的由来。这样应该明白了，135mm 画幅其实就是 35mm 画幅，而 35 前面的 1 是指一次性。到了数码时代，如果数码单反相机的感光元件 CCD/CMOS 尺寸等于 135mm 画幅胶卷的尺寸，那么这种相机就被称为全画幅相机。

主流的全画幅数码单反相机包括佳能 EOS 1D X/ EOS 5DS/EOS 5D Mark Ⅲ /EOS 6D 等，尼康 D4/Df/ D810/D750/D610 等。全画幅数码无反相机相对较少，如索尼 α7（R/S）/ α7II。

↑当前的全画幅相机是摄影创作的主流器材，它可以让摄影师得到画质、色彩都非常出众的照片效果
▲ 光圈f/11，快门速度1/125s，焦距400mm，感光度ISO400

APS 画幅相机： APS 画幅是一种尺寸更小的画幅形式。从胶片时代开始，相机生产厂商就设计了 APS 胶片系统，它有 APS-H、APS-C、APS-P 三种画幅规格。APS-H 是将全画幅裁掉一些，尺寸变为 30.3mm×16.6mm，长宽比为 16：9，所以也被称为宽画幅；APS-C 型是在 APS-H 画幅的左右两头各挡去一端，尺寸为 24.9mm×16.6mm，长宽比为 3：2；APS- P 型是满幅的上下两边各挡去一条，尺寸为 30.3mm×10.1mm，长宽比为 3：1，所以也被称为全景模式。佳能与尼康的入门及中档机型都采用 APS-C 画幅。

佳能的 APS-C 规格机型有 EOS 7D/EOS 70D/ EOS 760D /EOS 700D 等；尼康则将 APS-C 命名为 DX 规格，如 D300S/D7200/D5500/D3300 等机型。

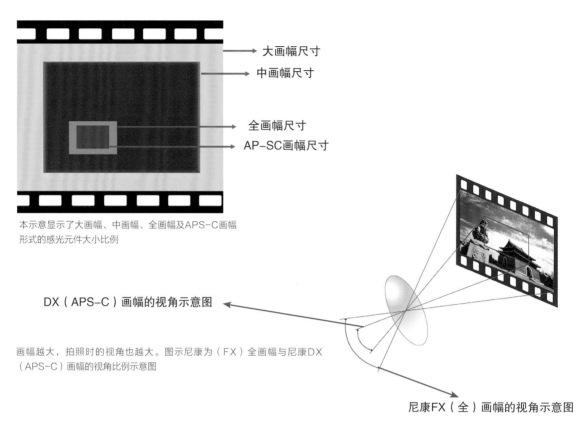

大画幅尺寸

中画幅尺寸

全画幅尺寸

AP-SC画幅尺寸

本示意显示了大画幅、中画幅、全画幅及APS-C画幅
形式的感光元件大小比例

DX（APS-C）画幅的视角示意图

画幅越大，拍照时的视角也越大。图示尼康为（FX）全画幅与尼康DX
（APS-C）画幅的视角比例示意图

尼康FX（全）画幅的视角示意图

↓当前的APS-C画幅数码单反相机，除画幅较小这一劣势之外，其他性能都直追专业级的旗舰机型
▼光圈f/13，快门速度10s，焦距55mm，感光度ISO400

入门级数码单反相机（佳能/尼康）

入门级数码单反相机的价位多在 1 万元以下。机身多采用强化塑料的材质，重量相对较轻，具有数码单反相机几乎所有的主要功能，只是各项功能的最高品质均不足。除机身采用强化塑料，手感稍差之外，入门级数码单反相机的连拍速度、最多可连拍张数、最高像素数、画质、画面视角等也都不够完美。常见的入门级数码单反相机有佳能的 EOS 750D、800D 等，尼康的 D3300、D5300 等。

→即便使用入门级的EOS 600D相机，也可以拍摄到画质非常出众的夜景画面
▶ 光圈f/11，快门速度1/6s，焦距30mm，感光度ISO3200，曝光补偿-0.7EV

中档数码单反相机（佳能/尼康）

↓利用佳能的中档机型EOS 70D（高速对焦和连拍功能）可以捕捉到非常精彩的运动瞬间画面
▼ 光圈f/5.6，快门速度1/4000s，焦距42mm，感光度ISO400，曝光补偿-0.3EV

中档数码单反相机介于入门级与准专业型之间，这个类型的数码单反相机改善了入门级数码单反相机大部分的弱点，将相机机身换为金属框架，使相机的耐用度和手感更好，同时连拍速度更快，可连拍的最大张数也更多。唯一的美中不足是仍为 APS 画幅，拍摄视角不够大。此外，中档机型另一个显著的特点是基本上都有控制面板，即俗称的肩屏。这类机型的代表有佳能的 EOS70D、EOS80D 等，尼康的 D710、D7200 等。

准专业型数码单反相机（佳能/尼康）

　　准专业型数码单反相机介于中档与专业型数码单反相机之间，这个类型的单反相机机身为金属材质，使相机的耐用度和手感更好，且多为全画幅，画质更佳，画面视角也更大，如佳能的 EOS 6D Mark Ⅱ、5D Mark Ⅳ，尼康的 D750、D800、D810 等。

↑尼康 D800是具有超高像素（3600万）的机型，使用这款相机拍摄的风光画面，细节非常丰富

▲ 光圈f/8，快门速度1/400s，焦距14mm，感光度ISO320

专业型数码单反相机（佳能/尼康）

专业型数码单反相机，几乎汇集了当前所有的光学、电子、机械高科技技术，采用金属机身，并加入了机身防水、防尘处理技术，同时采用全画幅的 CCD/CMOS 感光元件，拥有高像素或是高解像力，画质非常优秀，并且相机的连拍速度与连拍张数也都达到了极致，如佳能的 EOS-1DX Mark Ⅱ、尼康 DC 等。

↑利用佳能专业机型EOS-1DX拍摄体育比赛类题材，摄影师会非常得心应手
▲ 光圈f/4，快门速度1/6400s，焦距600mm，感光度ISO800

小提示 对于当前的专业体育记者以及摄影从业人士，专业型数码单反相机是必不可少的器材，各类体育比赛、文艺演出中场边的记者们手中大多就是专业型数码单反相机。俄罗斯的国际空间站以及美国宇航局所采购的摄影设备，都是尼康的商用 D3x，并且只要经济条件允许，普通摄影者也可以拥有这类器材。随着技术的发展，这两款机型的单机价格都在 5 万以下，已经到了大众可以接受的价格范畴。

▶ 光圈f/13，快门速度1/125s，焦距135mm，感光度ISO160

新机上手，开始拍摄

在购买相机之后，要正确组装并学会使用，而在正式拍摄之前，建议摄影者对相机进行一定的初步设定，以确保能够更为顺利地进行拍摄。本章最后将介绍拍照的姿势及操作技巧。

2.1 组装一套完整的摄影系统

开箱检查，并熟悉相机配件

如果摄影者是从网上购买的数码单反相机，到手后第一要务是拆箱检查。主要是确认相机的配件是否配齐。当然，如果是去实体店购买的相机，在付款前就应检查完毕了。

在一般情况下，数码单反相机的标配有相机机身、相机使用说明书、附赠的软件光盘、锂电池、充电器、USB接口连接线、视频连接线、相机宽背带。如果购买的是套机，则还应该包括镜头（附带遮光罩）。需要注意的是，镜头滤镜、存储卡并不在标配范围之内，需要单独购买。

相机机身

相机机身是最重要的部分，从包装盒取出相机，未安装镜头前，前侧是有一个机身盖的，用于防尘，避免灰尘等落入相机内部。安装镜头前应取下机身盖。

锂离子充电电池

当前数码单反相机主要使用锂离子充电电池供电。在一般情况下，不同型号的相机需要不同型号的电池与之相匹配。

电池充电器

刚拆封的电池充电器是单独放置的，需要接上连接线才能使用。充电器上有指示灯，充电时会呈橙红色并闪烁，电池充满电后停止闪烁，呈现为绿色。

相机背带

利用背带可以将相机固定。摄影者可以利用背带将相机挂在脖子上，或是拴在手腕上，以免相机跌落、损坏。

USB接口连接线

当前的数码单反相机都有 USB 接口，通过 USB 连接线将相机与计算机直接相连，可以方便地复制、剪切照片，也可以直接在计算机上浏览相机内的照片。

视频连接线

利用视频连接线与电视机相连接，可以在电视上观看相机内的照片、视频等。操作比较简单，因为该视频连接线是带颜色的，红、黄、白颜色的，分别与电视机上的接口相对应。需要注意的是，要将相机和电视都关闭后再进行连接，不要带电插拔。

说明书与附赠光盘

相机说明书读起来会比较枯燥，但也是非常全面的，在后续遇到问题时，可以随时翻阅，因此不要丢弃。在附赠的光盘内，有一些简单的照片浏览和处理软件，如佳能附赠的 DPP 软件，就非常好用。

相机镜头

数码单反相机之所以能有细腻的画质，与镜头的作用是分不开的。镜头与机身一样，是最重要的配件，没有镜头是无法拍照的。当前许多入门级数码单反相机都采用套装形式发售，售价中包含一支套机镜头，如变焦镜头 18-55mm，非常适合入门使用，是摄影初学者不错的选择。

如果你购买的是单机，那么就需要单独购买镜头了。

正确地系好相机背带，保护相机安全

正确地系好背带，可以帮摄影者有效地携带和保护相机，避免相机跌落、损坏。

1.背带环 2.固定环 3.锁扣

(1) 将固定环、锁扣等按图示放好，并将背带展开、放平，要避免背带环两端出现绕错正反面的情况。

(2) 将背带一侧由背带环的外侧向内穿入。

(3) 穿入背带环后，从一个固定环穿入另一个固定环。

(4) 从内侧插入锁扣。

(5) 将背带插入锁扣后，再从锁扣另外一侧拉出。

(6) 绕过锁扣之后，将背带的前部插入 (或穿过) 固定环并压紧，此时的固定环内有3层背带，然后抻直、拉紧背带即可。

电池充满电，并装入相机

　　在之前的镍电池时代，电池需充放电 3 次之后才能发挥最佳性能；数码单反相机的电池是锂离子充电电池，不需要如此操作，使用时只要充满电即可，而电量耗尽后相机会自动关闭，提醒摄影者需要充电。唯一需要注意的是，如果电池长期不用要取出来，充满电后放到电池盒内。

　　(1) 对准正确的方向将电池装入充电器内，确认插入到位，以保证充电触点接触良好。
　　(2) 电池安装好之后，连接电源，此时指示灯显示为橙红色，并不断闪烁。
　　(3) 充电完成后，指示灯显示为绿色。

　　(4) 左手握住相机，右手拇指或食指扣住电池仓锁定栓，可以打开电池仓盖。
　　(5) 对应电池仓与电池的形状，并将金属触点朝下，插入电池，电池入仓到底之后，会有"咔嗒"的声响，有一个白色的栓子锁定电池。
　　(6) 电池安装完毕后，盖好仓盖即可。

小提示　**电池的维护和保养**

- 要注意，在进行电池的拆卸或是安装之前，要确认相机的电源开关是处于关闭状态的。
- 长时间不用相机时，可将电池从相机内取出，充满电后再次置于电池盒内。所谓的长时间，是指你在长达数月内都不使用相机的前提下。
- 锂离子充电电池没有记忆功能，使用前不需要 3 次充放电操作即可放心使用。
- 电池在低温环境下将会快速消耗电能，因此请尽量保持电池（以及备用电池）的温暖。在 0℃ 以下的环境中拍摄应准备多块电池，而且还要将备用电池放在贴身的口袋中。

正确安装好镜头

数码单反相机能有出众的画质，其中一个主要原因是使用了高性能镜头。可以使用并随时更换镜头，这是单反系统最大的优势。通过使用不同的镜头，摄影者可以接近或远离拍摄的景物、改变视角、改变画面的虚化和清晰度等，并且当升级相机时，还可以继续保留原有的镜头。

(1) 左手握住相机，右手握住机身盖顺时针旋转。

(2) 将其取下。

(3) 左手握住镜头，右手握住镜头后盖，顺时针旋转取下。

(4) 将机身上的红色标识与镜头的红色标识对齐，准确、缓慢地将镜头插入机身。

(5) 镜头插入机身之后，顺时针旋转镜头。（尼康机型为逆时针旋转镜头）

(6) 最后发出"咔嗒"的声响，表示镜头已经安装完毕，并处于锁定状态。

关于镜头的安装与拆卸，应该注意 3 个问题。

(1) 取下镜头后盖与机身盖之后，机身与镜头接口这一侧都应该是稍向下倾斜的，以避免灰尘落入相机或镜头的光学部件上。在室外更换或安装镜头时尤为注意。

(2) 安装镜头时，各项操作都要平稳，不要用力过猛，一定要确认镜头准确插入之后再旋转。

(3) 镜头安装好之后，晃动机身和镜头，可能会发现并不是特别牢固，反而是可以晃动的。这也是正常的，因为相机与镜头之间存在旷量。

小提示 拆卸镜头时，要先按下镜头锁，然后反方向旋转镜头即可取下。取下镜头后要注意尽快将机身盖和后盖盖上。

装入存储卡

（1）左手握相机，右上食指或拇指压住存储卡槽盖向外侧拉动，直到卡槽盖解除锁定。

（2）此时即可掀开盖子。

（3）相机的插槽用于插入存储卡，将存储卡带标签的一端对着自己。

（4）将存储卡有触点的一端插入相机，推入到插槽底部，此时会有明显的卡顿提示。

（5）表示存储卡已锁定到位，然后盖上卡槽盖即可。

（6）确保盖好卡槽盖。

格式化存储卡为拍摄做好准备

第一次使用存储卡时，建议摄影者在相机中先格式化存储卡，使之更适合相机。格式化存储卡时，卡中的所有图像和数据都将被删除，即使被保护的图像也会被删除，所以格式化存储卡前，应确认没有需要保留的图像和数据。

应该注意，如果勾选了"低级格式化"选项，则照片基本上无法恢复，因此建议不要勾选该选项。

小提示　有时摄影者可能会因为仓促操作而进行了格式化操作，并且一旦开始格式化后操作进程无法取消。此时也不要过分懊恼，因为利用"EasyRecovery10 Enterprise"等软件可以轻松恢复照片。

2.2 初步设定你的数码单反相机

设定日期/时间/区域——保留图片的最重要信息

拍摄照片时，日期和时间信息会保存在照片的 Exif 信息中，方便照片的分类，因此，设置正确的日期和时间就显得尤为重要。在"日期 / 时间 / 区域"选项中摄影者可以设置相机的日期、时间和时区区域，相机将根据此日期、时间和区域设置为所拍摄的图像添加日期和时间信息。

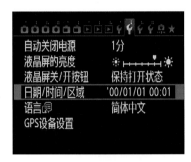

提示音——对焦完成或自拍时发出提示的"滴"声

在该菜单中，可以选择启用或关闭相机的提示音。开启提示音时，相机在合焦、自拍等情况下，都会发出提示音提醒摄影者。该功能建议开启。

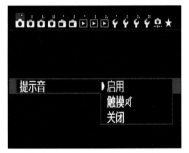

未装存储卡释放快门

开启未装存储卡释放快门功能，可以使摄影者在未装存储卡的情况下进行相机测试或练习对焦、快门等拍摄技巧，但如果在拍摄前忘记安装存储卡，那么摄影者后面的拍摄将会成为无用功。鉴于如今存储卡的容量已基本符合拍摄需求，建议摄影者关闭此功能，避免拍摄后才发现未装存储卡，从而错失了自己精心拍摄的照片。

图像确认

图像确认是指拍完照片后，图像在液晶屏上显示的时间。在该菜单中，有 5 种选项可供选择，分别为"关""2 秒""4秒""8 秒""持续显示"。当选择"关"时，拍摄完成后，液晶屏上将不显示拍摄的照片；选择"2 秒""4 秒""8 秒"

时，拍摄完成后，液晶屏上将显示相应时长的图像；当选择"持续显示"时，拍摄完成的图像将一直显示在液晶屏上。

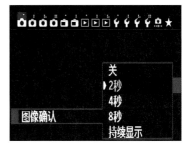

液晶屏的亮度

利用这项设定，摄影者可以调整LCD液晶屏显示的亮度，使用时，摄影者可以在LCD液晶屏看到一组从最黑到最白的灰阶图，只要利用多功能

选择器上、下调整，就能更改从1～7共7级不同明暗的设定，预设值为4。

理想的LCD亮度是在观看的环境中，能准确看到从最黑到最白共7级

灰阶之间的差异及变化。若LCD的亮度设定得太暗，则暗部变得不太清楚；若LCD的亮度设定得太亮，则暗部不够黑，而亮部也可能难以看出区别。

小提示 由于在不同的照明环境下观看LCD液晶屏，会有不同的视觉效果，因此建议摄影者根据所处的照明环境，灵活地改变LCD液晶屏的亮度。这会有利于摄影者更为准确地观察所拍摄照片的曝光状态是否准确。

画质设定

佳能与尼康机型的存储格式相差不大，所以下面以佳能为例进行介绍。

在数码单反相机中，存储照片时的JPEG文件有 ◢L、◢L、◢M、◢M、◢S、◢S等，RAW文件有 RAW、S RAW1、S RAW2、M RAW、S RAW等多种。

标识	格式	说明
◢L	JPEG格式	相机以最大分辨率将照片仅存为JPEG格式，并以最佳画质保存
◢L	JPEG格式	相机以最大分辨率将照片存为JPEG格式，并再次对JPEG格式进行压缩，所占空间更小，但画质会有较大损失
◢M	JPEG格式	相机以稍小的分辨率将照片存为JPEG格式，并以最佳画质保存
◢M	JPEG格式	相机以稍小的分辨率将照片存为JPEG格式，并再次对JPEG格式进行压缩，所占空间更小，但画质会有较大损失
◢S	JPEG格式	相机以更小的分辨率将照片存为JPEG格式，并以最佳画质保存
◢S	JPEG格式	相机以更小的分辨率将照片存为JPEG格式，并再次对JPEG格式进行压缩，所占空间更小，但画质会有较大损失
S2	JPEG格式	极小尺寸文件格式，分辨率仅为1920×1280
S3	JPEG格式	极小尺寸文件格式，分辨率仅为720×480
RAW	CR2格式	相机拍摄的最原始照片数据
S RAW1	CR2格式	是照片原始数据缩小分辨率后保存的格式
S RAW2	CR2格式	是照片原始数据进一步缩小分辨率后保存的格式
M RAW	CR2格式	与S RAW1基本相同
S RAW	CR2格式	与S RAW2基本相同

佳能数码单反相机机型分布很广，从入门级的 1000D 到最高端的 1D X，中间覆盖了 20 余款机型。不同的机型中，照片存储格式的设定方式也不相同，下面看佳能各主流机型对照片尺寸的设定及组合情况。

机型	画质设定1	画质设定2	说明
1000D、1100D、500D 550D等早期入门机型	◢L、◢L、◢M、◢M、◢S、◢S、RAW、RAW+◢L		这些机型中总共只可设定7种单独的格式和1种RAW与JPEG同时保存的格式
600D、650D、700D等新的入门机型	◢L、◢L、◢M、◢M、◢S1、◢S1、S2、S3、RAW、RAW+◢L		作为最新的入门机型，600D设定了10种照片保存的格式或组合格式
7D、60D、70D	◢L、◢L、◢M、◢M ◢S、◢S、	RAW、M RAW、S RAW	可以保存单独的JPEG格式，也可以与RAW的各种尺寸两两组合存储
50D、5D Mark Ⅱ、5D Mark Ⅲ	◢L、◢L、◢M、◢M ◢S、◢S、	RAW、S RAW 1、S RAW 2	可以保存单独的JPEG格式，也可以与RAW的各种尺寸两两组合存储

S RAW 1 与 M RAW 的压缩比例相似，均可将原 RAW 格式照片压缩 30% ～ 40% 的比例；

S RAW 2 与 S RAW 的压缩比例相似，均可将原 RAW 格式照片压缩 50% ～ 60% 的比例。

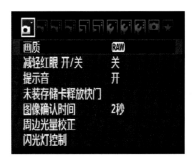

版权信息

这项设定是让摄影者为每张照片添加版权信息，例如自己的名字、版权拥有者等。这是很好用的功能，我们建议摄影者不妨善用这项设定，为每张照片都加上版权信息，以保护自己的照片版权，并且在拍摄前设定好，做到无后顾之忧。

小提示　如果要将相机借给别人，最好在借出相机前，先将版权信息关闭，以免引起不必要的误会。

自动关闭电源——节省用电量的保证

在拍摄照片的间隙，大多数的摄影者一般都不会随时关闭电源。为此，数码单反相机设定了拍摄间隙的休眠功能，到了设定的时间，相机会自动进入休眠待机状态，并且与直接关闭相机主电源一样。在下次进行拍照时，摄影者只要半按一次快门，即可将相机再次启动。自动关闭电源菜单内有 1 分、2 分、4 分、8 分、15 分、30 分和"关闭"7 个选项。摄影者可以根据不同场景的拍摄需要设定不同的电源关闭时间。

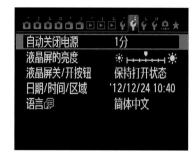
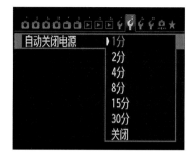

要兼顾拍摄方便，还要考虑节省电池电量，摄影者可以根据不同场合的拍摄要求选择合适的待机时间。

电池信息

电池信息选项不仅可以查看相机中电池的状态，还可以注册电池信息。注册电池信息后，使用多个电池时会更方便地查看每一块电池的状态。相机不能随便使用其他型号的电池，否则可能不会发挥其全部性能或导致故障。使用副厂电池时，相机的续航能力会下降。

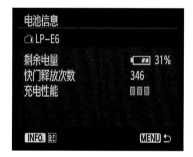

在设置菜单中选择"电池信息"选项，在页面中可以查看电池的型号、剩余电量、快门释放次数、充电性能这些信息，按下 INFO. 按钮可以查看电池的信息，并注册未注册的电池。

2.3 拍摄第一张照片

屈光度的调节

近视眼的朋友在拍摄照片时，可能会无法看清取景框内的画面，而视力正常的人则可以看清，这主要是由于摄影者的视力情况不同而造成的。其实，相机厂商早就考虑到了这个问题，在相机背面有屈光度调节控制器，摄影者在查看取景器画面时，可转动此拨轮直到完全看清取景框内的画面。

屈光度调节控制器

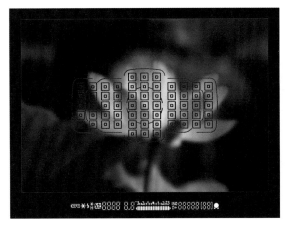
屈光度调节之前

屈光度调节之后

正确的持机姿势

我们在手持相机拍摄时，经常会因为抖动或姿势不稳而造成画面模糊、变虚、画质下降的情况，如果我们能有个正确的持机姿势，那么就能够在拍摄时使相机和身体更加稳定，从而拍出更好的照片。

手持相机时要注意左手托住相机镜头，以方便调节焦距，右手握住相机机身，食指放在快门上，以保证可以随时按下。

获得清晰的画面——自动对焦

一般来说，相机的镜头都设定有自动对焦（Auto Focus，缩写为 AF）和手动对焦（Manual Focus，缩写为 MF）两种对焦方式。自动对焦快捷、简单、准确，且易于操作，是大部分摄影者所选用的对焦方式，而初学者刚接触摄影时也大多选用此对焦方式。

选择自动对焦方式

对焦所要拍摄的画面——半按快门

　　选择好对焦方式后，摄影者的眼睛靠近取景器，观察好要拍摄的画面，半按快门，注意是半按快门，相机会完成对焦操作，相机取景器内激活的对焦点就会呈现红色闪烁。注意，对焦时一定要对准所要拍摄的主体。

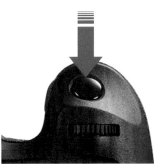

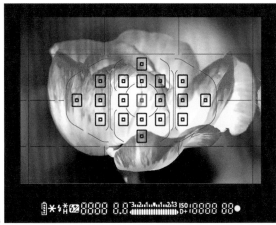

当自动对焦框红色亮起，自动对焦点变成绿色并发出提示音时，表示合焦完成

完全按下快门完成拍摄

　　具体拍摄时，首先在半按快门完成对焦之后，保持手部及相机的稳定性，然后手指用力完全按下快门，即可成功地实现拍摄。要注意应手指用力，初学者容易手腕和胳膊都用力，这会造成相机的抖动，最终使拍摄到的照片因发生抖动而出现模糊的现象。

▶光圈f/5.6，快门速度1/500s，焦距100mm，感光度ISO800

▶ 光圈f/16，快门速度1/500s，焦距153mm，感光度ISO320

③ 对焦不简单

摄影初学者往往会认为对焦是最简单的摄影技术，在自动对焦时只要半按快门就可以实现对焦，而在手动模式时只要眼睛看取景器对焦即可。其实，这只是最简单的对焦操作，真正的对焦技术并没有这么简单。不同的对焦技巧可以营造不同的画面效果，并且对焦与构图还有非常重要的关联。

3.1 认识对焦

对焦原理

相机在拍摄时，成像位置只有位于感光元件上时，才能得到清晰的画面。在自动对焦模式下半按快门，完成对焦，这个过程其实就是调节镜头内的镜片位置，让外界景物所成的像落到感光元件上的过程。如果成像没有落在感光元件上，则无法成清晰的像，即便强行完全按下快门，最终成像也会是模糊的。调整相机使拍摄对象成清晰的像的过程，就是对焦过程。

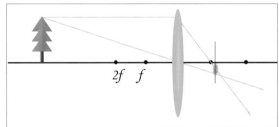

成像偏离了感光元件，成像模糊

成像落在感光元件上，成像清晰

对焦过程是调节镜头内镜片的位置或角度，让成像位置正好落在感光元件上的过程

左图是没有对上焦的照片，成像位置偏离了感光元件；右图通过调整对焦环改变镜头内镜片的距离等，让成像落在感光元件上，也就是完成了对焦，成清晰的像

自动对焦与手动对焦

　　自动对焦（Auto Focus）又被称为"自动调焦"，缩写为 AF。自动对焦系统根据所获得的距离信息驱动镜头调节相距，从而完成对焦操作。自动对焦比手动对焦更快速、更方便，但它在光线很弱的情况下可能无法工作。手动对焦（Manual Focus）缩写为 MF，是指手动转动镜头对焦环来实现对焦的过程。这种对焦方式在很大程度上依赖人眼对对焦屏影像的判别和摄影者对相机使用的熟练程度，甚至取决于摄影者的视力。

【 自动对焦的设定 】

佳能：在镜头上的AF代表自动对焦，MF代表手动对焦。将滑块拨到AF一侧，对准拍摄对象，选择好对焦点以后，半按快门按钮。此时可以从取景框中观察，对焦点的红点如果持续亮起，并有滴滴的声音，则表示对焦完成

尼康：使用自动对焦时，镜头上需要将对焦开关滑动到M/A一侧，机身上的对焦模式开关也要滑到AF一侧

　　相机的手动对焦主要是为弥补自动对焦在一些特殊条件下无法对焦的不足，具体适合以下几种情况。

- 拍摄对象表面明暗反差过小的场合，如单色的平滑墙壁、万里晴空的蓝天等。
- 现场的环境光源条件不理想，即较暗的场所。
- 拍摄主体表面有影响对焦的对象，例如拍摄树丛中的小动物等，对它们对焦时，如果使用自动对焦方式，它们前面的树叶可能会造成对焦误差。
- 摄影者主动使用手动对焦方式来营造特定的效果，如拍摄夜景时使用手动对焦方式将灯光拍摄模糊，能够营造出梦幻的效果。

←正确使用手动对焦，同样能获得非常清晰、锐利的画质

◀光圈f/11，快门速度1/30s，焦距50mm，感光度ISO320

3.2 相机自动选择对焦点（多点对焦）

【多点对焦的设定】

摄影者若设定由相机自动选择对焦点，则会有多个对焦点同时工作，它是利用相机的所有自动对焦点进行对焦，而具体将焦点对在画面中的哪几个地方，是由相机来自动选择的。这样我们经常可以观察到取景框中有多个焦点框同时亮起的现象，即所谓的多点对焦。

多点对焦优先选择距离最近和反差最大的对象进行对焦。多点对焦的

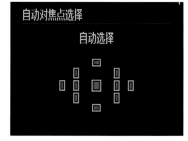

佳能：按下自动对焦点选择按钮，转动相机的主拨轮，当所有自动对焦点都亮起后，即设定了多点对焦

优点是能够更快地获得对焦。在拍摄人物的集体合影以及建筑等照片时，这种对焦方式都是非常适用的。

小提示

多点对焦的原理

在正常情况下，单个对焦点所在的平面即为对焦最为清晰的平面。如果相机实现了多点对焦，那么就会有多个对焦清晰的平面，这是不现实的。其实，真正的对焦清晰平面是所有这些对焦平面与相机距离的平均值所在的平面。

尼康：设定自动对焦，在按下AF模式按钮的同时，旋转副指令拨盘，可设定多点对焦

←使用多点对焦时，相机会激活多个对焦点同时完成对焦。左图是启动多点对焦实现快速拍摄得到的风光画面

◀光圈f/8，
快门速度1/120s，
焦距27mm，感光度ISO200

3.3 手动选择对焦点（单点对焦）

对焦不是一个机械的过程，它需要摄影者根据创作主题进行思考"画面的主体在哪里？哪里要实，即要清晰，而哪里要虚化？"而后手动指定单一的自动对焦点对准主体景物，引领相机完成自动对焦的过程。这就是手动选择对焦点的方式——由摄影者手动选择单一的对焦点，在需要的位置进行精确对焦，这也是专业摄影人的通常选择。如果使用了相机的多点对焦，最终画面中清晰的部分可能不是你想要的。

【单点对焦的设定】

  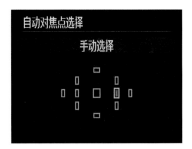

无论是佳能还是尼康机型，都与多点对焦的操作方式基本相同，进行操作后，结合相机上的方向键，选择要激活的单个对焦点即可

↓如果使用相机的自动选择对焦点（多点对焦）模式拍摄，合焦位置肯定在前景的花朵上；如果想要对焦在后面更为娇嫩的花朵上，那么就需要手动选择对焦点，使其合焦在后面的花朵上即可

▼ 光圈f/3.2，快门速度1/1000s，焦距70mm，感光度ISO200

3.4 自动对焦的3种模式

【自动对焦不同模式的设定】

佳能：按相机上的AF-DRIVE按钮，监视器上会显示对焦模式选择界面，然后分别选择要使用的ONE SHOT、AI FOCUS或AI SERVO后，再按SET键即可设定相应的对焦模式

尼康：按住相机机身上的"AF模式"按钮，然后转动主拨轮，即可选择AF-S、AF-A或AF-C对焦模式

拍摄静止画面的单次自动对焦（佳能ONE SHOT，尼康AF-S）

单次自动对焦模式主要用于静止画面的对焦。在拍摄一般静止的风光照片时，大多采用这种对焦模式。单次自动对焦是数码单反摄影中最为常见的对焦方式。使用单次自动对焦模式对焦时，对焦获得的效果最为清晰。所谓的静止画面并不是说画面中所有的景物必须是静止的。一些含有流水、飘落的树叶等场景的画面，也适合使用单次自动对焦模式拍摄。

▶ 光圈f/8，快门速度1/1250s，焦距350mm，感光度ISO400，曝光补偿-0.3EV

↑ 使用单次自动对焦模式多用于拍摄静态的风光画面

拍摄运动画面的人工智能伺服自动对焦（佳能AI FOCUS，尼康AF-C）

人工智能自动对焦适合拍摄运动的主体。运动的主体对象可能在镜头前有上下左右的移动，也可能有距离远近的变化，这时只要保持半按快门对焦状态，并跟踪好运动的主体，相机就会对主体持续对焦。在人工智能伺服自动对焦模式下，曝光数值会在拍摄的瞬间完成设置。另外，有时主对焦点可能无法随时锁定运动主体，这时其他辅助对焦点会启动自动对焦，以保持对焦点一直处于完成状态。

↑使用人工智能自动对焦，相机会对主体人物进行连续对焦，这样就能够捕捉到主体最精彩的瞬间
▲光圈f/8，快门速度1/1250s，焦距350mm，感光度ISO400，曝光补偿-0.3EV

拍摄动静切换画面的人工智能伺服自动对焦（佳能AI SERVO，尼康AF-A）

　　有时候，原本静止的拍摄对象会突然开始运动，也就是说画面在静止与运动状态之间切换，这种瞬间的切换状态，适合使用人工智能伺服自动对焦模式进行对焦。严格来说，人工智能伺服自动对焦模式并不是一种能够完成合焦的模式，只是一种预警状态。例如，使用这种模式时，如果拍摄对象突然由静止切换为运动状态，该模式就会自动切换为人工智能伺服自动对焦，也就是完成了由静止对焦到运动对焦的切换，最终按下快门时，是由人工智能伺服自动对焦模式完成合焦的。

↑半按快门对焦后，相机会根据天鹅的状态自动切换为单次对焦或连续对焦。本画面中，天鹅飞起，这样相机会自动切换为连续对焦的模式

▲ 光圈f/5.6，快门速度1/1000s，焦距500 mm，感光度ISO200，曝光补偿0EV

3.5　尼康相机AF区域模式的设定及实拍

单点对焦

在一般情况下，拍摄静态的风光、静物、微距等题材时使用单点自动对焦进行拍摄，这样拍到的画面对焦精度很高，画质锐利、清晰。在拍摄时与 AF-S（单次伺服自动对焦）结合起来效果更佳。尼康相机一般有多个对焦点，选定要使用的对焦点对焦即可。

↑一般的静态画面，或是主体动作非常不明显时，适合使用单点对焦的模式拍摄
▲ 光圈f/2.2，快门速度1/250s，焦距 35mm，感光度 ISO400

↓将对焦点更换到人物面部，可以拍摄到主体人物面部清晰锐利的画面
▼ 光圈f/2.2，快门速度1/250s，焦距 35mm，感光度 ISO400

动态区域自动对焦

适合移动中的主体。如果主体离开选定的焦点，相机将根据周围焦点的信息进行对焦。动态区域自动对焦可以选择9点、21点或全部对焦点。在各个模式下，选定的自动对焦点和周围点覆盖区域非常广，加上利用自动对焦模式的AF-C（连续伺服自动对焦），即可对主体保持清晰对焦。

● 9点：当有时间构图（即拍摄对象的运动速度相对较慢）或者主体的移动是可预知的且使用选定的焦点很容易对焦时使用。

● 21点：适合随机且不可预知的移动主体。

● 全部对焦点：当拍摄的主体快速移动且使用选定焦点不容易对焦时使用。

↑设定9点区域对焦，是指初始选择的对焦点加8个周围对焦点对主体进行捕捉。中央对焦点捕捉不到对焦位置时，周围的8个对焦点可以辅助完成对焦
▲ 光圈f/6.3，快门速度1/1250s，焦距 60mm，感光度 ISO320

→利用21点区域对焦可以捕捉到这种运动比较随意、不可预知的主体
▶ 光圈f/6.3，快门速度1/2500s，焦距300mm，感光度 ISO400

→在拍摄速度较快，并且动作趋势很难把握的对象时，启动全部对焦点对焦，密集的对焦点可以更容易地捕捉拍摄对象，从而完成对焦
▶ 光圈f/5.6，快门速度1/1250s，焦距102mm，感光度ISO320

3D追踪模式

选择此模式时,相机使用全部对焦点追踪主体。这对于拍摄从创造性构图的一侧不规则移动到另一侧的主体非常理想。当快门释放键按下一半时,一旦使用选定的焦点对焦主体,相机就会根据主体的移动自动在焦点之间平衡,始终追踪主体。该模式通过场景识别系统的主体追踪功能,利用选定的焦点追踪主体,并精确地识别主体颜色和亮度,从而获得高度准确且稳定的主体追踪。

▶光圈f/6.3,快门速度1/2000s,焦距24mm,感光度 ISO400

↑利用3D追踪模式进行精确对焦,抓拍到运动的主体对象

自动区域AF模式

相机使用全部对焦点自动识别并对焦主体。使用 G 或 D 型 AF 尼克尔镜头,尼康相机可区分前景和背景,并通过识别人的肤色检测人的位置,以提高主体捕捉的准确性。

↑使用自动区域AF模式利于追踪相机前有障碍物的拍摄对象

▲光圈f/5.6,快门速度1/160s,焦距85mm,感光度ISO100

AF-S NIKKOR 85mm f/1.4G

小提示 要注意,尼康相机必须使用 G 或 D 型镜头,才可以识别前景与背景。D 型镜头早已停产,目前也比较少见了。尼康大多数高档镜头为 G 型镜头。

3.6 相机的对焦系统

佳能的f/2.8、f/4、f/5.6对焦精度

对焦的精度是衡量一台数码单反相机档次高低的重要参数，这也就是通常我们提到的对焦精度问题。在理解对焦精度之前先要明白一个道理，那就是数码单反相机在对焦时要先将镜头光圈开至最大进行聚焦，对焦完成后再变为实际光圈拍摄。

这就会产生一个问题，即不同镜头的最大光圈是不同的，有的镜头最大光圈为 f/1.2，有的为 f/2.8，有的为 f/3.5 ~ f/5.6，为统一对焦模块的参数，相机厂商设定了 f/2.8 和 f/5.6 两种对焦形式。相机使用最大光圈大于等于 f/2.8 的镜头拍摄时以 f/2.8 的光圈进行对焦；使用最大光圈小于 f/2.8 的镜头拍摄时，以 f/5.6 的光圈进行对焦。以 f/2.8 的光圈进行对焦时，光圈较大，进入对焦模块的光线比较充足，这样

对焦精度就比较高；反之，以 f/5.6 的光圈进行对焦时，光圈稍小，进入对焦模块的光线偏暗，这样对焦精度就稍微低一些。（除光线因素之外，聚焦夹角的大小也会影响对焦精度，夹角大时聚焦精度高，f/2.8 的光圈聚焦夹角较大）

> **小提示** 使用最大光圈 f/4.0 或 f/5.6 的镜头时，也可以使用 f/2.8 对焦精度的对焦点，但对焦精度要低于最大光圈 f/2.8 的镜头。

←对焦精度高时，对焦点周围的画质非常锐利、细腻
◀光圈f/1.2，快门速度1/60s，焦距50mm，感光度ISO400

佳能的9点对焦系统

在佳能之前的入门机型中，大多为 9 个对焦点，并且仅有中央对焦点是对焦精度为 f/2.8 的十字对焦点，周围对焦点多为水平或竖直方向对焦的单向对焦点。在佳能最新推出的入门机型中，虽然对焦点仍然保持为 9 个，

但对焦精度却大幅度提高。首先是所有副对焦点均采用了 f/5.6 的十字对焦点，而中央对焦点则采用了 f/2.8 的十字对焦点与 f/5.6 的十字对焦点相叠加，变为超高精度的双十字对焦点，这样对焦精确度会有大幅度提高。

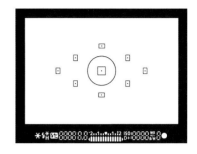

佳能的19点对焦系统

佳能的 19 点对焦系统主要是用在 7D 和 70D 上，这两款中档机型利用密集的对焦点及强悍的处理速度，可以拍摄生态、体育等题材。19 个对焦点均为对应 f/5.6 光束的十字形自动对焦感应器，使得除中央对焦点以外的对焦点也具有很高的捕捉能力，因此，不必通过中央对焦点进行自动对焦锁

定，使用其他对焦点就能准确合焦。此外，中央对焦点在相对于 f/5.6 光束十字形自动对焦感应器的基础上又配置了对应 f/2.8 光束精度的十字形自动对焦感应器，这样中央对焦点即为双十字自动对焦感应器，可实现高速且高精度的合焦。

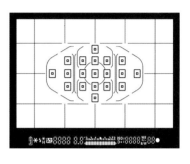

佳能的61点对焦系统

在 5D Mark Ⅲ 上市之前，佳能除顶端的 1 系数码单反相机之外，大部分机型都是中央对焦点为 f/2.8 的对焦精度，其他对焦点为 f/5.6 的对焦精度，这也是大部分专业摄影师只用中央对焦点对焦的原因。5D Mark Ⅲ 则不一样，在中央对焦点上，采用了 f/2.8 和 f/5.6 的两种对焦精度叠加，无论是对焦精度还是对焦速度，都几乎为普通数码单反相机的两倍，并且中央对焦点变为了 5 个，可供选择的余地变大

了，这在拍摄一些运动及弱光题材时非常有效。

在佳能官方 5D Mark Ⅲ 的参数中有 41 个十字对焦点的描述。所谓十字对焦点是指对焦模块对拍摄对象的水平和竖直两个方向都能准确聚焦，而水平对焦模块或竖直对焦模块则是只对景物水平或竖直方向准确聚焦。

此外，在 61 点对焦的模块中，佳能还推出了 f/4.0 的对焦精度，它仍然高于 f/5.6 的对焦精度。

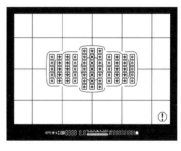

⊠ ：f/2.8和f/5.6对焦精度叠加的双十字对焦点，共5个

⊞ ：f/5.6对焦精度的十字对焦点，共16个

▢ ：f/5.6对焦精度的竖直对焦点，共20个

⊞ ：水平f/4.0对焦精度与垂直f/5.6对焦精度叠加的十字对焦点，共20个

对焦点较多时，因为自动对焦点采用了横拍和竖拍都便于使用的方块状排列，可以随时设定所要使用的对焦点的位置，更容易使自动对焦点与想要合焦的拍摄对象重合，不会因为自动对焦点位置限制构图，所以不需要在对焦锁定后重新调整构图。这不仅能够舒适地完成拍摄，还有效地避免了对焦锁定时移动相机产生的脱焦，以便拍出更加锐利的照片

尼康的39点对焦系统

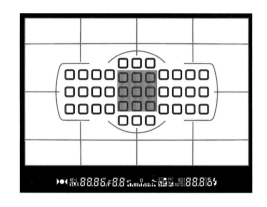

尼康中档机型大多有 39 个对焦点，其中红色区域的 9 个对焦点为高精度十字对焦点。在使用中心区域十字对焦点时，对焦速度、精度都很好。相对于中心十字形对焦区域，两侧对焦点在对焦速度以及对焦成功率上要低一些。

尼康的51点对焦系统

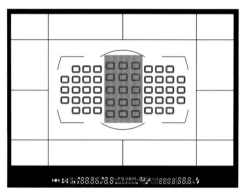

虽然尼康 D700 发布时间较早，但是它的对焦模块却是目前尼康相机中非常先进的，D700 的十字形对焦区域覆盖面积非常大，中央 15 个十字对焦点，对焦精度及速度都非常棒。当然，后续尼康多款准专业级机型都是使用了这种对焦模块。

↓尼康51点对焦系统中央对焦区域高精度的对焦点可以快速捕捉到运动中的主体
▼ 光圈f/4，快门速度1/800s，焦距500mm，感光度ISO1000，曝光补偿+0.3EV

3.7　有关对焦的各种技巧

锁定对焦

拍摄时，较多的情况是对焦位置的主体并不在画面的中央，这可以通过提前改变对焦点位置来实现拍摄时的对焦。此外还有一种方法，那就是先对主体对焦，并锁定对焦，然后重新构图拍摄。具体的操作方法是先半按快门对主体对焦，保持快门的半按状态不要松开，然后移动相机的取景视角进行构图，构图完成后完全按下快门，完成拍摄。

▶光圈f/6.3，
快门速度1/1250s，焦距60mm，感光度ISO320

↑先对人物的眼睛对焦，然后锁定对焦后重新构图拍摄画面，使之更加完美

区域对焦

区域对焦是指在手动对焦模式下，带有距离表的镜头（佳能的低端镜头一般都不带距离表）配备的功能。在许多比较拥挤或视线条件不好的情况下，要拍摄到完美的景物，就需要使用区域对焦功能。例如，许多摄影记者在拍摄人群前的主体时，眼睛往往无法看取景框，而是将相机举过头顶直接拍摄，其原理就是摄影者先判断相机与主体之间的距离，将镜头上的对焦距离表调整到合适的对焦距离，然后直接拍摄，就能获得对焦大体准确的画面。

↑故宫一些大殿门口有很多参观者，无法直接拍摄，可以使用区域对焦的方式进行拍摄
▲光圈f/6.3，快门速度1/15s，焦距18mm，感光度ISO1600

追踪对焦法

　　要表现主体运动的效果，可以使用追踪对焦法进行拍摄。拍摄时，要使运动的主体时刻保持在取景范围内，并且对主体连续对焦，相机视角就必须追随着主体移动，这时运动的主体对于相机来说就如同静止的一样，而实际上静止的背景对于相机来说则变为了运动状态。根据主体运动的速度设定中慢快门，则在最终拍摄的画面中，运动主体是清晰的，但背景却因为相机的移动而变为运动模糊状态。

↑利用追踪对焦法拍摄的马术运动员，画面动感十足
▲光圈f/7.1，快门速度1/30s，焦距200mm，感光度ISO100

曝光中途变焦法

　　一些光线条件不理想的场景中，曝光时间会比较长。在曝光尚未完成时，用手转动变焦环，转动时要用力均匀，不能使镜头的中轴线出现抖动，这样在曝光完成后的画面中会出现对焦点周围的景物仍然清晰，但呈现出放射状线条的效果，像爆炸一样，非常具有视觉冲击力。这种拍摄方式被称为曝光中途变焦法。

↑利用曝光中途变焦法拍摄的画面具有爆炸效果，视觉冲击力很强
▲光圈f/4.5，快门速度1/6s，焦距70mm，感光度ISO800

3.8 重点：拍摄不同题材的对焦位置的选择至关重要

人物特写及环境人像

拍摄人物特写的画面时，大多是拍摄人物半身的幅面，重在通过刻画人物的表情及肢体语言来表现人物一些内心活动。眼睛是心灵的窗户，将对焦点选择在人物的眼睛上，非常有利于表现画面主题。需要注意一点，如果拍摄的人物是半侧面的，应该将对焦点放在靠近相机一侧的眼睛上。

←拍摄侧面人像时，对焦点应放在距离镜头较近一侧的眼睛上

◀光圈f/2.8，快门速度1/160s，焦距70mm，感光度ISO250

需要拍摄环境人像的场合很多，如各种纪实民俗等，在这类题材中，一般情况下需要将对焦点放在人物身上。对焦点的选择可以以下次序：首先选择人物的眼睛作为对焦点，如果无法看清眼睛时，则可选择人物的面部为对焦点。

在拍摄人与环境结合的画面时，应选择画面中的人物作为对焦点。
光圈f/4，快门速度1/1000s，焦距42mm，感光度ISO100

花卉摄影

　　拍摄花卉时，为突出花的色彩、形态等美感，大家都会很自然地将对焦点放在花朵上，这是画面中仅有一朵花时的情况，但是如果画面中有许许多多的花朵呢？将对焦点选择在哪朵花上，则是要进行仔细考虑的，在这种情况下选择对焦点有以下几个原则：可以将对焦点放在最高的花朵上；如果花枝的高度都比较均匀时，应该将对焦点放在照片画面的下 1/3 处，并且是离镜头最近的花朵上。将对焦点放在这些位置，可以使画面产生更加醒目的趣味中心，并更加符合构图规律，从而使照片画面看起来更加舒适、自然。

↑将对焦点放在群花中最高的一朵上，视觉效果最好
▲ 光圈f/2.8，快门速度1/160s，焦距200mm，感光度ISO100，曝光补偿-0.3EV

在花卉摄影中，还有一类比较特殊，即摄影者非常靠近花朵，或利用焦距较长的镜头进行拍摄，拍摄出的画面类似于微距效果。在这种类型的花卉摄影中，对焦点应该选择在花蕊上。这样拍摄出的画面只有花蕊是清晰的，而花瓣会由中间向四周变得越来越模糊。

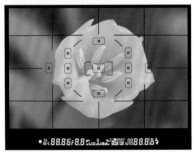

↑拍摄单独的花朵时，尽量将对焦点放在花蕊上。如果花朵的亮度较高，则应提高反差或在后期中进行适当处理，变为暗背景的形式，这样画面整体会很漂亮
▲ 光圈f/5.6，快门速度1/250s，焦距250mm，感光度ISO200

风光摄影

拍摄山的整体时，摄影者最关注的是山有多高，山峰周围都有哪些景物，如云层、太阳、其他山脊的线条等，因此需要将对焦点放在山峰的顶端，这样容易刻画出山体的线条，并且周围的景物轮廓也能清晰地表现出来。如果将对焦点放在前景中，则远处的山脊线条就会变得模糊，不利于画面整体效果的表现。

↑ 本画面将对焦位置放在山峰的最高点，勾勒出清晰的山脉轮廓
▲ 光圈f/6.3，快门速度1/1000s，焦距16mm，感光度ISO200

使用长焦镜头或物距（拍摄距离）较近时拍摄，能够获得的照片画面大概是山的局部。这种情况主要是因为场景中一些岩石、林木等景物吸引了我们的注意力，所以对焦点应该选择在这些景物上面，从而有利于表现画面的主题。

↓ 对焦点选择在山腰的建筑上，使之作为主体呈现，画面主次分明、有序
▼ 光圈f/7.1，快门速度1/1000s，焦距100mm，感光度ISO400，曝光补偿-0.7EV

▶ 光圈f/22，快门速度1/100s，焦距56mm，感光度ISO200，曝光补偿-0.3EV

4 理解测光与曝光，控制照片明暗

曝光是非常复杂的一项摄影技术。拍摄照片时，你会面临非常多的选择：利用不同的测光方式，可以让照片各区域呈现出不同的曝光状态；即便选定了具体的测光方式，摄影者还可以通过曝光补偿来调整画面整体的明暗。

测光与曝光也是一种选择的艺术，针对同一场景，可能会有多种比较理想的曝光效果，关键是看你怎样选择。这一章将全面介绍测光与曝光的技术要点。

4.1 抽象但不难理解，测光就那么回事儿

测光与曝光的关系

相机是怎样决定曝光量的？摄影者设定不同的测光模式，然后相机通过测光来确定曝光值。

入射光线通过相机的镜头以及反光板折射，进入机身内置的测光感应器。如果我们设定了某种曝光模式，提前设定了测光模式，那么相机会通过计算给出一个合理的曝光值。

对于数码单反相机的测光系统，接收的光线是透过镜头进入的——TTL（这个过程被称为 Through The Lens，透过镜头，所以我们经常见到的 TTL 测光即是来源于此）测光。测光感应器被放置在摄影光路中，光线从反光镜反射到测光元件上进行测光。

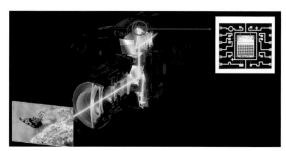

测光光路的大致示意图

↓通过测光，可以对画面进行非常准确的曝光，并且还有非常理想的色彩还原能力
▼光圈f/6.3，快门速度1/320s，焦距78mm，感光度ISO100，曝光补偿-0.3EV

测光后，完全按下快门，相机会按照我们设定的参数，以及相机经过计算后给出的另外的参数（如光圈值、快门速度等），完成曝光拍摄。"TTL 测光"最大的优势为得到的通光量就是标准底片的曝光参数。如果相机前面加装了滤镜，"TTL 测光"得出的测光数值和不加滤镜时是不同的。此时不需要根据相机加装的滤镜重新调节曝光补偿，而只需要直接按下快门拍照即可。

当前主流的测光方式有点测光、局部测光、中央重点平均测光、评价测光等模式。从前面的内容分析及例图中我们可以清晰地得出这样的结论，不同的测光方式决定了最终不同的曝光效果。只有正确的测光，才可能有更为合理的曝光。

> **小提示** 要注意，相机测光时，是要结合 18% 的环境反射率来计算环境的明暗度，确定曝光参考值的。

18%中性灰测光原理

我们之所以看到雪地很亮，是因为雪地能够反射接近 90% 的光线；我们之所以看到黑色的衣物较暗，是因为这些衣物吸收了大部分光线，只反射不足 10% 的光线。在白天的室外，环境会综合天空、水面、植物、建筑物、水泥墙体、柏油路面等反射的光线，整体的光线反射率在 18% 左右。由此我们知道，物体的明暗主要是由其反射率决定的，表面的结构和材质不同，反射率也不相同，反射的光线自然有强有弱，所以我们看到景物是有亮有暗的。

较暗的场景光线反射率很低

较亮的场景光线反射率很高

从示意图可以得出非常明显的结论：入射光线照射到黑色平面后，反射的光线非常少，即反射率很低，那人眼会感觉到反射平面较暗；入射光线照射到白色平面后，反射的光线非常多，即反射率很高，那人眼就会感觉到反射平面较亮

相机的测光是以 18% 中性灰为基准的。这是什么意思呢？相机的测光，是有一个大的前提的，即测光是发生在一般的室外环境（18% 反射率的环境）中的。如果你拿着相机在雪地里拍摄，那就脱离了 18% 反射率的环境，经过测光后的曝光也就不一定准确了。怎么办呢？那需要摄影者对相机的曝光进行人为干预了。具体的干预方法，可以参见本章的 4.5 节。

相机曝光不准确，一般会出现两种情况：画面偏亮，即曝光过度；画面偏暗，即曝光不足。

4.2 四大主流测光模式

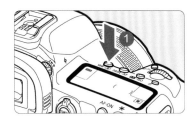

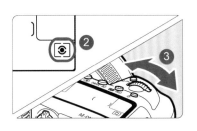

测光方式选择的操作过程（以佳能为例）：按下测光方式选择按钮，观察速控面板中的测光模式变化，转动机顶的主拨轮即可改变测光模式。当然，你也可以通过观察液晶屏显示来改变测光模式。此外，还可以先按机身背面的Q键，然后在液晶屏上使用Q键进行操作，但这种操作就要复杂一些了

针对同一场景，为方便摄影者获得更多不同的曝光效果，相机设定了4 种测光方式（尼康设定了 3 种主要模式）。分别为评价测光（尼康称为矩阵测光）、局部测光、点测光和中央重点平均测光。其实，摄影领域最先出现的测光方式主要是点测光，后来随着技术的发展，才产生了评价测光等测光方式。

 评价测光

 局部测光

 点测光

 中央重点平均测光

点测光模式：原理、操控与适用场景

点测光，顾名思义，就是只对一个点进行测光。该点通常是整个画面的中心，占全图 1.3% 左右的大小。测光后，可以确保所测位置以及与测光点位置明暗相近的区域曝光最为准确，而不考虑画面其他位置的曝光情况。许多摄影师都会使用点测光模式对人物的重点部位如眼睛、面部或具有特点的衣服、肢体进行测光，确保这些重点部位曝光准确，以达到形成观者的视觉中心并突出主题的效果。使用点测光虽然比较麻烦，但能拍摄出许多别有意境的画面。大部分专业摄影者都经常使用点测光模式。

点测光模式示意图

采用点测光模式进行测光时，如果测画面中的亮点，则大部分区域都会曝光不足，而如果测暗点，则会出现较多位置曝光过度的情况。一条比较简单的规律就是对画面中要表达的重点或是主体进行测光，例如在光线均匀的室内拍摄人物。

点测光适用场景：人像、风光、花卉、微距等多种题材。采用点测光方式可以对主体进行重点表现，使其在画面中更具表现力。

唐艺 摄
←采用点测光模式测拍摄对象人物的面部皮肤，使得人物的肤色曝光准确，这也是人像摄影需优先考虑的问题
◀光圈f/4，快门速度1/60s，焦距85mm，感光度ISO400，曝光补偿-0.3EV

评价测光模式：原理、操控与适用场景

评价测光是对于整个画面进行测光。相机会将取景画面分割为若干个测光区域，把画面内所有的反射光都混合起来进行计算。每个区域经过各自独立测光后，所得的曝光值在相机内再进行平均处理，得出一个总的平均值，这样即可达到整个画面正确曝光的目的。可见评价测光是对画面整体光影效果的一种测量，对各种环境具有很强的适应性，因此用这种方式在大部分环境中都能够得到曝光比较准确的照片。

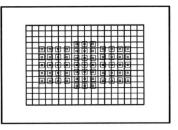

评价测光模式示意图

评价测光适用场景：这种模式对于大多数的主体和场景都是适用的，它是现在大众最常使用的测光方式。在实际拍摄中，它所得的曝光值使得整体画面的色彩真实、准确地被还原，因此广泛运用于风光、人像、静物等摄影题材。

↑ 设定评价测光，拍摄出明暗曝光准确的云南梯田美景
▲ 光圈f/11，快门速度1/160s，焦距70mm，感光度ISO100，曝光补偿+0.3EV

中央重点平均测光模式：原理、操控与适用场景

　　中央重点平均测光是一种传统的测光方式，在早期的旁轴取景胶片相机开始就有应用。使用这种模式测光时，相机会把测光重点放在画面中央，同时并兼顾画面的边缘。准确地说，即负责测光的感光元件会将相机的整体测光值有机地分开，中央部分的测光数据占据绝大部分，而除画面中央以外的测光数据则作为小部分起到测光的辅助作用。

中央重点平均测光模式示意图

　　中央重点平均测光的适用场景：一些传统的摄影家更偏好使用这种测光模式，通常在街头抓拍等纪实拍摄题材时使用，其有助于他们根据画面中心主体的亮度决定曝光值。摄影家根据自身的拍摄经验，利用这种模式，尤其是黑白影像效果进行曝光补偿，可以得到他们心中理想的曝光效果。

↓利用中央重点平均测光对画面中间的冰缝进行对焦和测光，使得这部分曝光比较准确，并适当兼顾其他部分，确保画面会有一定的环境感

▼ 光圈f/3.2，快门速度1/1250s，焦距17mm，感光度ISO100，曝光补偿−1EV

↑人像摄影也常使用中央重点平均测光，对人物进行重点测光，可以适当兼顾一定的环境
▲ 光圈f/1.8，快门速度1/800s，焦距50mm，感光度ISO160

局部测光模式：原理、操控与适用场景

　　局部测光是佳能特有的模式，是专门针对测光点附近较小的区域进行测光的。这种测光模式类似于扩大化了的点测光，可以保证人脸等重点部位得到合适的亮度表现。需要注意的是局部测光的重点区域在中心对焦点上，因此拍摄时一定要将主体放在中心对焦点上对焦拍摄，以避免测光失误。

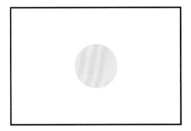

局部测光示意图

局部测光的适用范围： 针对一般人像写真、纪实人像、花卉等题材，可将对焦区域覆盖在人物面部或是花朵上。

←类似本画面这种拍摄，重点是人物的表现力。首先，用中央对焦点对人物完成对焦和局部测光，而后锁定对焦和测光，重新构图，完成拍摄

◀光圈f/2.8，
快门速度1/50s，
焦距200mm，
感光度ISO2000，
曝光补偿-0.3EV

4.3 锁定曝光的3个疑难问题

测光点

佳能除 I 系机型（如佳能 EOS 1D X 等）之外的绝大多数机型，包括 EOS 5D Mark Ⅳ等机型在内，都是没有点测联动（所谓点测联动是指对焦点即测光点，例如你使用任意一个对焦点进行对焦，那么该对焦点还会完成测光功能）功能的。什么意思呢？即拍摄时你只能使用中央对焦点进行测光，而其他对焦点是没有测光功能的。

尼康中高档机型大多数都具有点测联动功能。

锁定曝光与半按快门锁定曝光

我们经常会听到或是自己也采用这种拍法：半按快门完成对焦和测光，然后保持快门的半按状态，移动视角重新取景构图，待确定取景范围后，完全按下快门拍摄。这个过程的关键在于半按快门锁定了什么。中低档机型，如果是默认设定状态，那么持续的半按快门肯定是锁定了对焦的，但曝光却不一定是锁定的。

保持快门半按状态：在评价测光模式下，是锁定了曝光的；在局部测光、点测光、中央重点平均测光模式下，是无法锁定曝光的，需要单独进行锁定操作。

↑类似于本画面，设定评价测光，半按快门对焦并测光后，如果保持半按状态，移动视角重新确定取景范围时，应该是轻微地左右移动。如果上下移动来重新确定取景范围，那曝光就不准确了。至于为什么，你要仔细考虑一下：上下移动时，前一刻确定的曝光值肯定不适合移动之后的取景画面了，因为天空所占的比例不同，画面明暗会发生变化

▲ 光圈f/4.5，快门速度1/80s，焦距11mm，感光度ISO100，曝光补偿-0.3EV

要锁定曝光，最稳妥的方式是测光之后，按相机顶部的锁定对焦"*"按钮，佳能绝大多数数码单反相机均是采用这种方式来锁定曝光的。当然，在自定义菜单内进行了某些按钮的自定义，那又另当别论了。尼康锁定曝光的按钮为 AE-L。

佳能机型，取景完成并对焦和测光后，按机身上的曝光锁定按钮，此时在取景器中可以看到曝光锁定的标志"*"。

↑使用中央重点平均测光模式对植物部分进行测光，让其曝光准确，同时兼顾周边环境的曝光，使画面的环境感更强

▲ 光圈f/2，快门速度1/40s，焦距23mm，感光度ISO200

4.4 用直方图准确控制曝光

动态范围、直方图

在数码摄影领域，我们将图像所包含的从"最暗"至"最亮"的范围称为动态范围。动态范围越大，所能表示的层次越丰富。

	2级动态，即画面只有2个明暗影调层次
	3级动态，即画面只有3个明暗影调层次
	5级动态，即画面只有5个明暗影调层次
	7级动态，即画面只有7个明暗影调层次
	256级动态，即画面有256个明暗影调层次，已经可以平滑地过渡了。这也是通常我们所说的层次丰富，过渡平滑

在照片的色阶图中间，可以看到一个直方图。在直方图底部，0～255，是对应着256级动态的，即256个影调层次，可以看到它与上面示意图中的256级动态是对应的。256级动态即表示照片有256级亮度，纯黑亮度为0，纯白亮度为255。

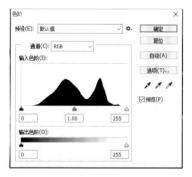

相机回放照片时，查看详细信息，可以看到直方图。这个直方图所表现的是一张图像中所有像素的亮度分布图。在直方图中，以横坐标 X 表示像素的亮度，左侧代表照片画面的暗部，右侧代表代表照片画面的亮部；以纵坐标 Y 代表像素的数量，Y 值越大，表示该区域的像素越多。这样就能完整地表示出一张图像的亮度统计图，通过控制画面纯黑与纯白位置像素的数量，即可控制画面的明暗，也就是曝光程度。

←拍摄一般的照片时，你可以通过直方图来判断照片的曝光是否合理
◀光圈f/8，
快门速度1/125s，
焦距14mm，
感光度ISO100

因为直方图可以准确地对应照片的明暗状态，所以我们可以用直方图来观察和控制照片的明暗，即照片的曝光状态。在一般情况下，有5种比较典型的直方图状态，下面分别来讲解。

曝光过度的"右坡"直方图

　　观察照片画面的像素分布情况，可以发现横坐标左侧的像素很少甚至没有，这说明画面中的黑色区域很少。随着横坐标的数值向右移动，像素逐渐增多，最后出现大量几乎纯白的像素，这说明画面的整体曝光水平过高。

曝光不足的"左坡"直方图

　　画面像素的亮度普遍不高，多集中在深色区（横坐标左侧）。画面整体曝光不足，形成画面暗部死黑而高亮区几乎没有像素的情况，即缺乏亮部色阶，曝光不足。

反差过小的"孤岛"直方图

　　观察直方图可以发现，在横坐标的中间部位像素较多，这代表像素大多集中在了不明不暗的灰色区域，而左侧的极暗与右侧的高亮区域几乎没有任何像素，说明照片画面缺乏暗部与亮部细节，这也是一种曝光不准确的表现。

反差过大的"双峰"直方图

　　可以看到左侧的纯黑区域与右侧的纯白区域都有大量的像素堆积，这说明画面的暗部已经接近纯黑色，而亮部已经接近纯白色，同时中间的灰色调部分像素却很少，这说明画面的明暗反差过大，中间过渡像素很少，影调层次就变得非常单调，画面整体极为不自然。

曝光正常的直方图形式

　　画面在极暗、中间调，以及高亮部位都有像素，并且中间调部位像素较多，这是动态范围合理的标识。

4.5 "白加黑减"的秘密是什么

　　所谓"白加黑减"主要是针对曝光补偿的应用来说的。有时，我们发现拍摄出来的照片与实际相比会偏亮或偏暗，不是非常准确。这是因为在进行曝光时，相机的测光是以 18% 的环境反射率为基准的，那么拍摄出来的照片整体明暗度靠近普通的正常环境，即雪白的环境会变得偏暗一些，呈现出灰色，而纯黑的环境会变得偏亮一些，也会呈现出发灰的色调。要应对这两种情况，拍摄雪白的环境时，为不使画面发灰，就要增加一定量的曝光补偿值，称为"白加"；拍摄纯黑的环境时，为不使画面发灰，就要减少一定量的曝光补偿值，称为"黑减"。

↑拍摄雪景时，照片会因为要向18%的环境反射率靠近，如果不进行设定，那照片会泛灰偏暗，所以我们必须手动增加曝光补偿值，还原雪景的色彩

▲ 光圈f/11，快门速度1/200s，焦距28mm，感光度ISO100，曝光补偿+1EV

↓在太阳落山之后，环境其实已经是比较昏暗了，照片会因为要向18%的环境反射率靠近。如果不进行设定，那照片会偏亮一些，所以我们必须手动降低曝光补偿值，还原真实场景的明暗

▼ 光圈f/8，快门速度0.6s，焦距108mm，感光度ISO100，曝光补偿-0.7EV

4.6 包围曝光的两个目的

包围曝光是以当前的曝光组合为基准，连续拍摄2张或更多（3、5、7、9张）减/加曝光的照片。

进行包围曝光的目的之一，就是让摄影者可以在多张曝光量不同的照片中，根据创作意图和审美取向，选择最符合自己标准的一张。

↓采用包围曝光的方式拍摄，从最终拍摄的多张不同曝光量的照片中挑选出你最满意的一张
▼ 光圈f/11，快门速度1/15s，焦距24mm，感光度ISO100，曝光补偿-0.7EV

↑在三脚架上采用包围曝光的方式拍摄，最后在后期软件当中对3张不同曝光量的照片进行HDR合成，得到完美曝光效果的照片画面

▲光圈f/9，快门速度1/30s，焦距40mm，感光度ISO250

　　第二个目的，在高反差场景中拍摄，因为相机的宽容度远不如人眼，很难同时兼顾高光与暗部细节。此时采用包围曝光的方式来拍摄，主要是为照片的后期处理做好准备。在后期，摄影者可以对包围曝光的照片进行HDR合成，获得完美曝光的效果。

小提示　当前很多新型的数码单反相机及数码无反相机都自带HDR功能，可以高速连拍多张不同曝光量的照片，直接让你拍摄出HDR照片的效果。

4.7 曝光功能拓展与创意

完美曝光技法之一：自动亮度优化与高光色调优先

1.自动亮度优化

　　佳能数码单反相机特有的自动亮度优化功能专为拍摄光比较大、反差强烈的场景所设，目的是让画面中完全暗掉的阴影部分都能保有细节和层次。在与评价测光结合使用时，效果尤为显著。（尼康的对应功能为动态 D-Lighting）

佳能相机的自动亮度优化功能可以设定为关闭、低、标准和高

↓光线非常强烈，明暗对比非常高时，设定自动亮度优化功能，可以尽可能地让背光的阴影部分呈现出更多细节
▼ 光圈f/6.3，快门速度10s，
焦距17mm，感光度ISO200

小提示　要注意，在反差大的场景设定该功能可以显示更多的影调层次，不至于让暗部曝光不足，但在一般的亮度均匀的场景中，要及时关闭该功能，否则你拍摄的照片将是灰蒙蒙的。

2.高光色调优先

　　高光色调优先是相机测光时，将以高光部分为优化基准，用于防止高光溢出，启动后，相机的感光度会限定在ISO200以上。高光色调优先对于一些白色占主导的题材很有用，例如白色的婚纱、白色的物体、天空的云层等。

高光色调优先功能的设定方法

→画面中天空的亮度非常高，如果要让这部分曝光准确且尽量保留更多细节，场景中的其他区域势必就会因曝光不足而变得非常暗，这时只要开启高光色调优先功能，即可解决这一问题
▶光圈f/11,
快门速度1/500s,
焦距24mm,
感光度ISO200,
曝光补偿-0.3EV

完美曝光技法之二：相机自带HDR

HDR（High Dynamic Range，高动态范围）拍摄模式是指通过数码处理补偿明暗差，拍摄具有高动态范围照片的表现方法。相机可以将曝光不足、标准曝光和曝光过度的 3 张图像在相机内合成，拍出没有高光溢出和暗部缺失的图像。选择 HDR 模式可以将动态范围设为自动、±1EV、±2EV 或 ±3EV。"自动图像对齐"功能主要是方便手持拍摄时使用 HDR 逆光控制。

	HDR 功能的开启和关闭。在设定了拍摄 RAW 格式、设定了包围曝光等功能时，无法启动 HDR 功能
	设定使用 HDR 功能所使用的动态范围宽度，即进行合成用的照片的明暗差别程度
	使用 HDR 时，可以有不同的画面风格。建议使用自然风格，因为其他几种风格是比较怪异的
	设定只此一次拍摄 HDR 效果，还是后续所有照片都拍摄 HDR 效果
	因为需要进行多张照片的合成，所以建议开启该功能，这样有助于获得较为理想的画面质量
	设定仅保存最终 HDR 合成的效果，还是同时保存进行合成用的不同曝光值的照片

曝光不足的画面

标准曝光的画面

曝光过度的画面

↑拍摄静态场景时，如果现场光线很强，明暗反差很大，可以使用HDR功能拍摄，这样相机会在内部拍摄一张曝光不足、一张标准曝光和一张曝光过度的照片，然后进行合成后输出，从而获得明暗细节都比较完整的高动态画面

▲ 光圈f/13，快门速度1/200s，焦距24mm，感光度ISO320

→拍摄逆光场景，为让暗部曝光正常，可以使用HDR功能

▶ 光圈f/4.5，快门速度1/60s，焦距55mm，感光度ISO200

创意曝光：多重曝光的3种玩法

其实多重曝光并不复杂，有胶片摄影基础的摄影者更会觉得简单，但由于佳能在 2011 年及之前的机型中都没有内置这项功能，因此佳能用户会觉得比较新鲜。5D Mark Ⅲ 及其之后佳能的中高档机型中，均搭载了多重曝光功能。多重曝光次数为 2 ~ 9 次，有多种图像重合方式可选，如"加法""平均"等。之后佳能的中高档机型均继承了这一功能，只是有些机型进行了一定程度的简化，操作时非常简单。（尼康相机的功能设定相似。）

  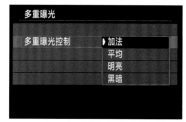

佳能相机内设定多重曝光功能

"加法"是像胶片相机一样，简单地将多张图像重合，由于不进行曝光控制，合成后的照片比合成前的照片明亮。

↓利用"加法"模式进行多重曝光得到人物连续的动作
▼ 光圈f/8，快门速度1/1000s，焦距85mm，感光度ISO6400

　　进行多重曝光时，还可通过如改变焦点位置进行多重曝光拍摄的方式得到柔焦的效果，也能对拍摄后的图像进行多重曝光。此外，利用实时显示拍摄可确认图像的重合效果，进行拍摄。

↑利用更改对焦点的方式进行多重曝光，得到柔焦的画面效果

▲ 光圈f/2.8，快门速度1/400s，焦距200mm，感光度ISO500

"平均"在进行合成时控制照片亮度，针对多重曝光拍摄的张数自动进行负曝光补偿，将合成的照片调整为合适的曝光。

→第1次曝光拍摄的画面

↓第2次曝光拍摄的画面

▼ 光圈f/1.2，快门速度1/2000s，焦距85mm，
感光度ISO400，曝光补偿-0.7EV

利用"平均"模式进行多重曝光得到的画面

另外，"明亮"和"黑暗"是将基础的图像与合成其上的图像比较后，只合成明亮（黑暗）部分，适合在想要强调主拍摄对象轮廓的图像合成时使用。

↑利用"黑暗"模式捕捉到人物连续的动作画面
▲ 光圈f/8，快门速度1/3200s，焦距50mm，感光度ISO12800

使用多重曝光拍摄时，能够选择边确认重叠图像边拍摄的"仅限1张"和"连续"两种模式。无论哪个模式都能够选择"加法""平均"等合成方式。在体育竞技摄影等时用多重曝光模式中的"连续"捕捉快速运动的拍摄对象后，拍摄对象的运动轨迹被连续拍下，能够拍出充满动感的照片。因为多重曝光的次数最多为9次，不会像普通连拍一样拍出多张照片，而是仅在一张照片中拍出连续运动的拍摄对象，所以容易表现动作的细微变化。此功能主要适用于体育竞技摄影，在想要确认拍摄对象细微动作的学术、商业拍摄中也很有效。

▶ 光圈f/8，快门速度1/160s，焦距16mm，感光度ISO200，曝光补偿-0.7EV

玩转各种效果：虚实、动静与画质

拍摄人像时要想获得美丽的虚化效果，就需要光圈运用得当；拍摄体育运动时要想凝结运动员精彩的瞬间画面，就需要使用合适的快门速度；如果要让画面的画质更细腻，则需要使用较低的ISO感光度。

5.1 光圈与照片虚实

理解光圈

光圈是镜头的一个极其重要的指标参数，通常是在镜头内，用来控制透过镜头进入机身内感光面的光量，表达光圈大小用的是 f/ 值。对于已经制造好的镜头，我们虽然无法任意改变其直径，但可以通过在镜头内部加入多边形或者圆形并且面积可变的孔状光圈来控制镜头的通光量。

光圈有两个功能，其一是通过通光量的多少来控制摄影时的曝光程度；另外一个功能是通过改变光圈大小来调节所拍摄照片的清晰与虚化效果。

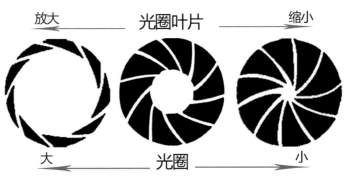

镜头内光圈的示意图，可以通过金属片的收缩与扩展来控制光圈的大小变化

作用1：控制曝光量

利用光圈大小的变化可以调整曝光值的高低，最终获得明暗不同的画面。光圈越大，通光量越多，画面越亮；光圈越小，通光量越少，画面越暗。

▶光圈f/4

→保持其他参数不变，只改变光圈大小，使进入相机的通光量不同，拍摄出照片的曝光效果也相差很大

▶光圈f/6.3

作用2：调节清晰与虚化效果

光圈的另外一个主要作用是通过调整大小，可以获得画面清晰或虚化的效果。光圈越大，近处的通光量所占比重越大，远处的景物越虚化；光圈越小，拍摄对象通光量分布越均匀，画面越清晰。

↑保持曝光量不变，左图为使用小光圈时的效果，右图为使用大光圈时的效果，右图背景虚化很明显

▲ 光圈f/6.3，快门速度1/320s，感光度ISO250　　　　　　　▲ 光圈f/2，快门速度1/1600s，感光度ISO250

光圈值大小的计算方法与设定

我们常说大光圈、小光圈、中等光圈等参数，具体是怎样衡量及分类的呢？生产镜头的厂商最初为控制光圈孔径的大小，设定了一组级数，称为光圈正级数，有f/1.4、f/2、f/2.8、f/4、f/5.6、f/8、f/11、f/16、f/22、f/32一共10个级别。光圈每缩小一级，实际的光圈孔径会缩小一半，这样曝光量就会降低一半，即f/后的数字越大，光圈越小，反之越大。例如，f/1.4的光圈，其实际孔径大小是f/2光圈孔径的2倍；f/5.6的光圈孔径是f/8光圈孔径的2倍。

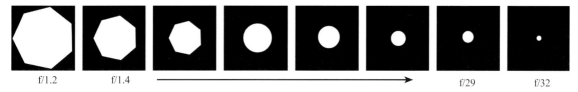

f/1.2　　　f/1.4　　　　　　　　　　　　　　　　　　　　　f/29　　　f/32

光圈值与实际光圈孔径大小的对比关系

为什么会有这种规律性的变化呢？这些f/后面的数字又是怎样计算出来的呢？其实f/后的数字，标识的是实际光圈孔半径值的倒数。假设光圈孔面积为a，根据圆面积公式a=πr²，则孔半径为r=a/π，设a/π=1，此时光圈为f/1；光圈孔面积减少一半变为a/2，则空半径变为a/2π=1/2·a/π=1/2=1/1.414约为1/1.4，即f/1.4，然后依次类推，即可以得到f/1.4、f/2、f/2.8、f/4、f/5.6、f/8、f/11、f/16、f/22、f/32这组共10个光圈值。

正级数光圈孔径是成倍变化的，也就是说，调整一次光圈，通光量就会增大一倍或缩小一半，变化非常明显，但也存在一个问题，成倍变化（造成曝光数据成倍变化）时就不能精确控制曝光数据变化，如0.3EV、0.7EV等精确调整曝光值，即不能控制拍摄画面精细的明暗变化，因此各镜头厂商后来又在每级光圈之间插入了1/2倍（f/1.2、f/1.8、f/2.5、f/3.5……）和1/3倍（f/1.1、f/1.2、f/1.6、f/1.8、f/2.2、f/2.5、f/3.2、f/3.5、f/4.5、f/5、f/6.3、f/7.1……）变化的副级数光圈。这样如果发现曝光值稍稍过曝或曝光不足，可以稍稍以1/2EV或1/3EV对曝光值进行精确调整。

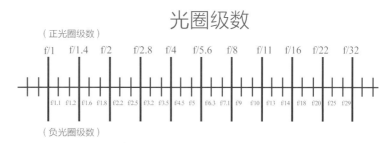

光圈级数

（正光圈级数）

f/1　f/1.4　f/2　f/2.8　f/4　f/5.6　f/8　f/11　f/16　f/22　f/32

f/1.1 f/1.2 f/1.6 f/1.8 f/2.2 f/2.5 f/3.2 f/3.5 f/4.5 f/5 f/6.3 f/7.1 f/9 f/10 f/13 f/14 f/18 f/20 f/25 f/29

（负光圈级数）

常见的光圈数值大多在本图的光圈正、负级数范畴之内

景深究竟是什么

　　使用专业相机和镜头，经常能拍出很漂亮的虚化效果，这种虚化其实是景深变化带来的。通俗地说，景深就是指拍摄的照片中，对焦点前后能够看到的清晰对象的范围。景深以深浅来衡量，清晰景物的范围较大，是指景深较深，即远处与近处的景物都非常清晰；清晰景物的范围较小，是指景深较浅，即只有对焦点周围的景物是清晰的，而远处与近处的景物都是虚化的、模糊的。营造照片画面各种不同的效果都离不开景深范围的变化。

在中间的对焦位置，画质最为清晰，对焦位置前后会逐渐变得模糊，在人眼所能接受的模糊范围内，就是景深

光圈和景深的关系

　　我们在拍摄照片时，光圈越大景深越浅，光圈越小景深越深。我们在拍摄人像时，如果想要突出主体人物，就需要比较浅的景深，这时就需要调大光圈；同时在拍摄景物时，如果想要使拍摄对象清晰而背景模糊，这时也需要调大光圈。

↓采用小光圈拍摄，可以使杂乱的背景得以虚化，从而突出拍摄对象
▼光圈f/2.8，快门速度1/320s，焦距200mm，感光度ISO200，曝光补偿+0.3EV

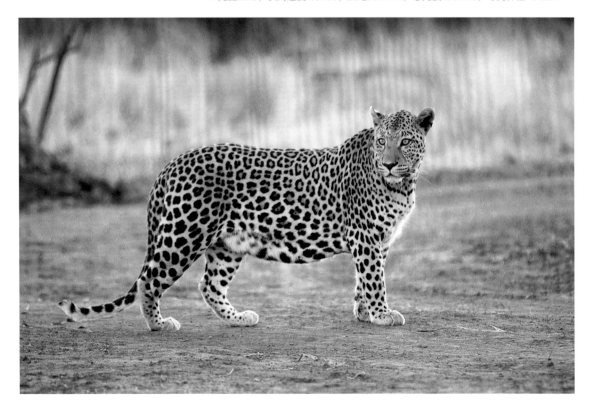

　　除了光圈之外，焦距和物距是决定景深的另外两个重要因素。不同焦距的镜头其空间关系和透视都不一样，景深和画面的大小自然也不一样。焦距越大景深越浅，焦距越小景深越深。

↑即使并不是太大的光圈，如果焦距足够大，也能够获得很好的背景虚化效果
▲ 光圈f/5.6，快门速度1/800s，焦距300mm，感光度ISO200

　　所谓的物距就是指摄影者与拍摄对象之间的距离，更准确地说是相机镜头与对焦点之间的距离，它和景深密切相关，物距越大景深越深，物距越小景深越浅。

→光圈较大，焦距较长，但如果拍摄位置离拍摄对象较远，也可以获得较深的景深，即景物都处于一种比较清晰的状态
▶ 光圈f/4，快门速度1/60s，焦距70mm，感光度ISO100，曝光补偿+0.3EV

最佳光圈

一般来说，使用最大光圈与最小光圈都无法表现出最好的画面效果。大多数摄影者都会在拍摄时选择能将镜头的性能发挥到极致的光圈数值，以拍摄出细腻、出色的画质，这个数值称之为最佳光圈。

最佳光圈是针对镜头而言的，是指使用某支镜头时能够表现出最佳画质的光圈。在一般情况下，对于变焦镜头来说，最佳光圈范围是f/8 ~ f/11。要注意，所谓的画质最佳，是针对焦点周围的画面区域而言的，

而且从最佳光圈的数值范围我们可以看出，使用最佳光圈时，既无法表现出足够大的虚化效果，也无法获得很深的景深效果，所以使用最佳光圈要选对时机，不能仅仅因为想使对焦点周围的画质出众而盲目使用。

↑采用f/8左右的最佳光圈拍摄，可以获得更为细腻、锐利的画质
▲ 光圈f/8，快门速度1/1600s，焦距16mm，感光度ISO320，曝光补偿-1EV

小提示

使用最佳光圈的情况

1. 拍摄大场景风光的时候，摄影点离景物比较远，没有前景，只有中、后景，又使用广角镜头拍摄，景物与相机的距离可以看作基本一样。
2. 除焦点以外的景物不需要太清晰，但也不要太模糊的时候，可以用最佳光圈。
3. 只要主体清晰，其余清晰与否都不重要的时候，一般在拍摄民俗纪实时常常会用到最佳光圈。

大光圈

了解了光圈的作用后，我们就可以在实际拍摄中加以运用了。当光线比较弱时，我们可以采用较大的光圈，增加通光量，以保证画面的曝光程度。另外，拍人、花卉等题材时，开大光圈可以获得浅景深效果，即虚化掉了前景和背景，让主体突出。

←拍摄人像特写时使用大光圈、浅景深，使得背景虚化，让人物更加突显
◀ 光圈f/2.8，快门速度1/90s，焦距140mm，感光度ISO100，曝光补偿−0.5EV

↓拍摄风光时，采用中小光圈拍摄，可以获得较深景深，让远近的景物都非常清晰
▼ 光圈f/7.1，快门速度1/640s，焦距17mm，感光度ISO200，曝光补偿−0.3EV

小光圈

拍摄风光画面时，运用 f/8~f/16 这样的小光圈，在保证画质的基础上控制好景深，小光圈的成像质量很好，不仅清晰度高，而且还可以在一定程度上避免噪点的产生。在夜景拍摄中，为了体现光影效果，一般通过小光圈和长时间曝光来拍摄；在溪流、瀑布拍摄中一般使用小光圈配合慢速快门来拍摄出如丝绸般的流水。

5.2 快门与照片动静

快门的两种含义

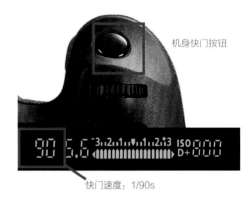

机身快门按钮

快门速度：1/90s

快门有两种含义，俗称的快门是指相机顶部的快门按钮，比较准确的定义是指机身前侧阻挡光线照射进相机的装置（也有一些快门是安装在镜头内的，称为镜间快门，但比较少见），在开启这一装置之后，可以控制光线照射感光元件时间的长短，即曝光时间。另外一种含义是指相机的曝光时间长短。在 EXIF 中有曝光时间这个参数，通常被称为快门速度或快门时间，单位为 s（秒）。

←在照片显示的参数中，曝光时间即为快门速度或快门时间，也有时会简称为快门

◄光圈f/6.3，快门速度1/160s，焦距40mm，感光度ISO125

快门的作用：控制曝光量

　　设定不同的快门速度可以控制拍摄的曝光值，改变照片明暗，还可以让画面得到动感模糊或是极为清晰的瞬间静态画面。拍摄运动对象时，使用高速快门，可以捕捉运动主体瞬间的静态画面；使用慢速快门，可以表现出一种运动模糊的效果。最常见的例子是使用长时间慢速快门拍摄小溪流水，能够拍摄出水流的轨迹，如丝质般柔滑、飘逸。

　　在控制曝光量这一方面，主要是针对光线条件比较极端的拍摄环境，如夜晚、晨昏这一类光线条件较暗的环境，需要使用慢速快门进行长时间曝光，以获得合理的曝光量；在正午室外的太阳光线下，环境亮度很高，就需要使用高速快门，以防止画面过曝。

↑利用相对较慢的快门速度，可以增加曝光时间获得更多的通光量以达到正常曝光
▲光圈f/16，快门速度1s，焦距100mm，感光度ISO100，曝光补偿-1EV

快门的作用：拍摄运动景物或动或静的状态

拍摄运动对象时，一般的创作手法有两种：一是通过使用高速快门，捕捉运动主体瞬间的静态画面，就如同对正在播放的电影进行截屏一样；二是使用慢速快门，表现一种运动模糊的效果，最常见的例子是使用长时间快门拍摄小溪流水，能够拍摄出水流的轨迹，如丝质般柔滑飘逸。

↑只有在慢速快门和小光圈的完美搭配下才能拍摄出这种水流如丝绸般的质感
▲ 光圈f/11，快门速度8s，焦距55mm，感光度ISO100，曝光补偿-1EV

高速快门可以捕捉运动主体瞬间的静态画面，而慢速快门则只能保证静止画面的清晰，当拍摄对象有动有静时，摄影者可以根据实际情况设定合适的快门速度，使静止的对象清晰，运动的对象模糊，这样可以在静止的画面上呈现出动静结合的效果。一般这种拍摄方式的快门速度在5s～1/30s。

←采用1/15s～2s这个范围内的快门速度拍摄舞台表演，能够表现出演员肢体动作动静结合的效果，非常漂亮
◀光圈f/32，快门速度1/2s，焦距90mm，感光度ISO800，曝光补偿+0.3EV

使用B门拍摄长时间曝光的夜景画面

B门的完整称呼为BULB，是指以手动控制时间长短的快门释放器，后逐渐引申为Boundless（无限制）。在摄影中，B门是指按下快门后，相机快门帘打开，进行曝光；松开快门按钮后，快门帘关闭，曝光结束。如果持续按住快门，则相机会一直处于曝光状态，直到松开快门为止。

在佳能的一些入门机型中，要使用B门模式，需要先设定为M模式，转动拨盘使快门速度超过30s，则自动跳转为B门模式。一些中高档数码单反相机，则在拨盘上集成了B门模式，使用时直接旋转到B即可。

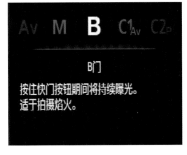

B门拍摄与普通拍摄不同，使用B门时，在按下快门后手指不能松开，按住快门的时间长短取决于对曝光程度高低的需要，松开手指曝光即结束。在这种情况下，通常需要使用快门线来辅助曝光，否则手指的抖动会造成长时间曝光画面的模糊。摄影者要根据当时场景的光源、色温等条件来具体设定光圈、ISO感光度等参数。

B门模式通常用于在暗光环境中拍摄一些特殊的场景，比如拍摄星轨、烟花、把黑夜拍得如同白天的特殊手法等。在B门模式下，由于快门时间充足，一般曝光会比较充分，不过这时应该注意的是要设置较低的感光度和较小的光圈，以免画面曝光过度。

←设定B门拍摄到的夜晚星空画面
◀光圈f/4.5，
快门速度45s，
焦距16mm，
感光度ISO2000

小提示　静态星空的拍摄有以下几个要点：B门模式，三脚架辅助，利用快门线控制曝光；设定大光圈，高感光度；对焦在无穷远。镜头有距离表的，设定手动对焦，将对焦调整至无穷远即可；没有距离表的，先设定自动对焦，对焦在50m之外的景物上，然后切换为手动对焦即可。

5.3 ISO感光度与照片画质

ISO和感光度是两个概念

ISO 感光度是摄影领域最常使用的术语。在胶片时代它表示胶卷对光线的敏感度，分别有 100、200、400 等。感光度越高，对光线的敏感度就越高，也就越容易获得较大的曝光值，拍到更为明亮的画面，换句话说，越适合在光线昏暗的场所拍摄，同时色彩的鲜艳度和真实性也会受到影响。在数码摄影时代，数码相机的感光元件 CCD / CMOS 代替了胶卷，并且可以随时调整 ISO 感光度，等同于更换不同感光度值的胶卷。

其实严格来看，ISO 与感光度是不同的两个概念，感光度是指感光元件 CCD / CMOS 对于光线的敏感程度，而衡量这种敏感程度的单位是 ISO。ISO 有具体的数值，如 100、200、400、800、1600 等，数值越大，代表感光元件对光线的敏感程度越高。

←ISO与感光度是不同的两个概念，感光度是指感光元件CCD/CMOS对于光线的敏感程度，而衡量这种敏感程度的标准才是ISO。ISO有具体的数值，如100、200、400、800、1600等，数值越大，代表感光元件对光线的敏感程度越高。久而久之，人们就将这两者混在一起，用ISO感光度来统称ISO数值了

◀光圈f/4，快门速度1/125s，焦距200mm，感光度ISO100，曝光补偿-0.3EV

不同的感光度与画质关系

曝光时 ISO 感光度的数值不同，最终拍摄画面的画质也不相同。ISO 感光度发生变化，即改变感光元件 CCD/CMOS 对于光线的敏感程度。具体原理是在原感光能力的基础上进行增益（比如乘以一个系数），增强或降低所成像的亮度，使原来曝光不足（偏暗）的画面变亮，或使原来曝光正常的画面变暗。

这就会造成另外一个问题，即在加亮时，同时还会放大感光元件中的杂质（噪点），这些噪点会影响画面的效果，并且 ISO 感光度的数值越高（放大程度越高），噪点也越明显，画质就越粗糙。如果 ISO 感光度的数值较小，则噪点就变得很弱，此时的画质比较细腻、出色。

▲ ISO100时的画面效果

▲ ISO25600时的画面效果

↑ 以ISO100的感光度拍摄的画面，画质非常细腻；以ISO25600拍摄的画面，放大可以看到画面中的噪点已经非常明显，影响到了照片的画质

使用低感光度拍摄风光画面

ISO 感光度越大，对光线的敏感程度越高，曝光值也就越大。如果快门速度很慢，再使用很大的 ISO 感光度，照片就容易过曝。拍摄水流时，通常需要设定较慢的快门速度，这样才能保证拍出水流的动态美感，但这时又有另一个问题出现了，那就是通光量过多，容易曝光过度。这时就需要我们设定较小的 ISO 感光度了，这样才能更好地保证画面的曝光质量。

↑在拍摄一般的风光类题材时，只要现场光线不是非常弱，就建议使用较小（最好是低于ISO800）的ISO感光度
▲ 光圈f/8，快门速度1/100s，焦距40mm，感光度ISO100

手持相机拍摄弱光环境

有时候，我们会面对一些光源不足的环境，如夜景、餐厅等。当我们既不能使用闪光灯又无法进行长时间拍摄时，就需要提高感光度了。感光度越高，相机对光线的灵敏度也会越高，这样能保证摄影者在弱光环境下拍摄出清晰的照片。

→在夜间或光线不理想的条件下，如果要拍摄到本画面中主体人物更为清晰的画面，通常需要设定较大的感光度
▶光圈f/3.5，快门速度1/20s，焦距28mm，感光度ISO6400

降噪功能的说明和使用

相机的高 ISO 感光度降噪功能设定可降低拍摄时因为提高感光度所带来的噪点。实际操作时，可根据所设定感光度的高低来设置适合降噪的等级。拍摄时的感光度设定越高，就可设定越高的降噪标准。另外，如果拍摄时没有开启降噪功能，在后期软件中也可以对照片进行降噪操作。

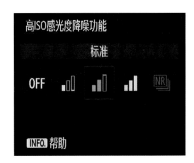

相机菜单中的高ISO感光度降噪设定

不开启降噪的画面

开启降噪的画面更加细腻、平滑

↑从右侧两张图的细节放大对比可以看出，开启高ISO感光度降噪功能后噪点明显减少，建议使用高感光度拍摄时开启此功能
▲ 光圈f/5.6，快门速度20s，焦距16mm，感光度ISO6400，曝光补偿+0.3EV

小提示　长时间曝光，也会让噪点变得明显起来，相机为此设定了长时间降噪功能，但不建议使用该功能，因为曝光多长时间，就要降噪多长时间，也就是说，如果拍摄一张快门速度为5分钟的照片，降噪也要5分钟，这10分钟内相机无法操作。后期软件如此方便，实在没有必要耽误降噪的时间。另外，开启了这个功能，对相机的电量也是一种浪费。

▶ 光圈f/8，快门速度1/320s，焦距23mm，感光度ISO320

6 影响照片色彩的四大要素

在相机内对色温、白平衡进行设定，可以改变所拍摄照片的颜色，这是你能学到最简单、最重要的控制色彩的技巧。除此之外，其实还有另外三个非常重要的因素，也会对照片的色彩产生较大影响。本章介绍影响照片色彩的四大要素：白平衡与色温、照片风格、色彩空间以及曝光值。

6.1 白平衡与色温

白平衡到底是什么

先来看一个实例：将同样颜色的蓝色圆分别放入黄色和青色的背景当中，然后来看蓝色圆给人的印象，你会感觉到不同背景中的蓝色圆色彩是有差别的，其实它们却是完全相同的色彩。为什么会这样呢？这是因为我们在看这两个蓝色圆时，分别以黄色和青色的背景作为参照，所以感觉会发生偏差。

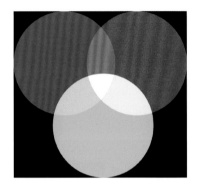

在通常情况下，人们需要以白色为参照才能准确地辨别色彩。红色、绿色、蓝色三色混合会产生白色，然后各种色彩就是以白色为参照才让人们分辨出了其准确的颜色。所谓的白平衡就是指以白色为参照来准确分辨或还原各种色彩的过程。如果在白平衡调整过程中没有找准白色，那么还原的其他色彩也会出现偏差。

↑我们看到的照片，之所以能够准确还原出植物的绿色以及蝴蝶、花卉的颜色，就是因为相机找准了当前场景中的白色标准

要注意，在不同的环境中，作为色彩还原标准的白色也是不同的，例如在夜晚室内的荧光灯下，真实的白色要偏蓝色一些，而在日落时分的室外，白色是偏红黄色一些的。如果在日落时分以标准白色或偏冷蓝色的白色作为参照来还原色彩，那也是要出问题的，而是应该使用偏红黄色一些的白色作为标准。

相机与人眼视物一样，在不同的光线环境中拍摄，也需要有白色作为参照才能在拍摄的照片中准确地还原色彩。

◀光圈f/2.8，
快门速度1/1000s，
焦距55mm，感光度ISO160

为了方便摄影者使用，相机厂商分别将标准的白色放在不同的光线环境中，并记录下这些不同环境中的白色状态，内置到相机中，作为不同的白平衡标准（模式）。这样摄影者在不同的环境中拍摄时，只要调用对应的白平衡模式即可拍摄出色彩准确的照片了。

在现实世界中，相机厂商只能在白平衡模式中集成几种比较典型的光线情况，像日光、荧光、钨丝灯这些环境下的白色标准，肯定是无法记录所有场景的，在没有对应的白平衡模式的场景中，难道就无法拍摄到色彩准确的照片了吗？相机厂商采用了另外三种方式解决这个问题。

第一种是自动白平衡。相机通过建立复杂的模型和计算，找到相应环境中的白色标准，从而还原出准确的色彩。

第二种是色温调整。我们知道色彩是用温度来衡量的，也就是色温。不同色彩的光线对应着不同的色温，这样就可以通过量化色温值来确定白平衡的标准了。举一个例子来说，室内白炽灯的色温为2800K左右，烛光的色温为1800K左右，那这样两者均匀混合照明的色温即为2300K左右。我们只要在相机中手动设定这个色温，那相机就可以根据这个色温确定好白平衡的标准，从而准确地还原色彩了。

第三种是自定义白平衡。面临光线复杂的环境时，我们可能无法判断当前环境的真实色温，那就可以找一个白卡放到所拍摄环境中，用相机拍下白卡，这样就得到了该环境的白色标准。有关自定义白平衡的操作，可参见相应机型的说明书。

↑在一些光线比较复杂的场景中，如这张照片中，有各种反射的光线、灯光，以及天空的余晖。由于这种复杂性，因此设定了自定义白平衡，由我们手动告诉相机当前的白色标准，最终得到了色彩还原理想的效果

▲ 光圈f/9，快门速度8s，焦距16mm，感光度ISO100

小提示　随着数码技术的发展，类似于这种光线非常复杂的场景，我们设定自动白平衡，往往色彩还原的效果也是非常理想的。

色温的概念

在相机的白平衡菜单中，我们会看到每一种白平衡模式后面都还会对应着一个色温（Color temperature）值。色温是物理学上的名词，它是用温标来描述光的颜色特征，也可以说就是色彩对应的温度。

这里用一个常识进行说明：把一块黑铁加热，令其温度逐渐升高，起初它会变红变橙，也就是我们常说的铁被烧红了，此时铁发出的光，其色温较低；随着温度逐渐升高，它发出的光线逐渐变成黄色、白色，此时的色温位于中间部分；继续加热，温度大幅度升高后铁发出了紫蓝色的光，此时的色温较高。

色彩随着色温变化的示意图：自左向右，色温逐渐升高，色彩也由红色转向白色，然后再转向蓝色

色温是专门用来量度和计算光线的颜色成分的方法。19世纪末它由英国物理学家洛德·开尔文创立，因此色温的单位也由他的名字来命名——"开尔文"（简称"开"，英文为"°K"，为简便起见通常简写为"K"）。

低色温光源的特征是能量分布中，红辐射相对多些，通常称为"暖光"；色温升高后，能量分布中，蓝辐射的比例增加，通常称为"冷光"。

那这样，我们就可以考虑将不同环境的照明光线用色温来衡量了。举例来说，早晚两个时间段，太阳光线呈现出红黄色等暖色调，色温相对来说还是偏低的，而到了中午，太阳光线变白，甚至有微微泛蓝的现象，这表示色温升高。相机作为一部机器，是善于用具体的数值来进行精准计算和衡量的，于是就有了类似于日光用色温值约5200K来衡量这种设定。

下面这个表向我们展示了白平衡模式、色温值、适用条件的对应关系。

不同白平衡设定与环境光线色温的对应

白平衡设置	测定时的色温值	适用条件
日光白平衡	约5200K	适用于晴天除早晨和日暮时分之外室外的光线
阴影白平衡	约7000K	适用于黎明、黄昏等环境，或在晴天室外的阴影处
阴天白平衡	约6000K	适用于阴天或多云的户外环境
钨丝灯白平衡	约2800K	适用于室内钨丝灯的光线
荧光灯白平衡	约4000K	适用于室内荧光灯的光线
闪光灯白平衡	约5200K	适用于相机闪光灯的光线

表中所示为比较典型的光线与色温值对应关系，只是一个大致的标准，我们不能生搬硬套。例如，早晨或是傍晚拍摄，即便是在日光照射下，那套用日光白平衡模式，色彩也依然不会太准确。因为日光白平衡模式标示的是正午日光环境的白平衡标准，色温值在5200K左右，而早晚两个时间段，色温值是要低于5200K的。至于设定了并不是十分准确的白平衡模式会导致什么样的后果，后面我们会详细介绍

早晚两个时间段色温比较低，因此画面呈现出以红、黄色为主的暖色调

中午的太阳光线接近于白色，最终拍摄出的照片色彩也比较标准和正常

在室内的钨丝灯照明环境中，色温在2800K左右，也是比较低的，可以看到，照片色彩也比较暖

太阳落山后，整个场景都笼罩在阴影中，色温就变得比较高了，可能在6500K~7500K，可以看到，照片是一种偏蓝色的色彩。总结一下，从以上4张照片中，我们看到了色温由低到高所呈现出的不同色彩

设定白平衡的四大核心技巧

只有根据不同光线的色温进行调整，告诉相机当前所拍摄场景的白色标准是什么，这样照片才不会偏色，但我们不能在每拍摄一张照片时都先去测量光的色温值，再调整白平衡进行拍摄。为解决这个问题，相机设定了多种不同的白平衡模式。

1. 按照环境光线设定白平衡

相机厂商测定了许多常见环境中的白色标准，如日光环境下、荧光灯环境下、钨丝灯环境下、阴影中、阴天时等，然后将这些白色标准内置到相机内，对应不同的白平衡。摄影者在这些环境中拍摄时，直接调用相机内置的这些白平衡即可拍摄到色彩准确的照片。

←在日光下拍摄，最简单的方法是直接设定日光白平衡模式，即可相对准确地还原现场的色彩
◀光圈f/8，
快门速度1/50s，
焦距16mm，
感光度ISO100

←夜晚拍摄鸟巢，将白平衡设定为荧光灯白平衡模式，获得了色彩还原准确的画面效果
◀光圈f/2.8，
快门速度1/500s，
焦距125mm，
感光度ISO100

2. 相机自动设定白平衡

　　虽然相机提供了多种白平衡设定供摄影者选择，但是确定当前使用的选项并进行快速的操作对于初学者依然显得复杂和难于掌握。出于方便拍摄的考虑，相机厂商开发了自动白平衡（AUTO）功能，即相机在拍摄时经过测量、比对、计算，自动设定现场光的色温。在通常情况下，自动白平衡都可以比较准确地还原景物的色彩，满足摄影者对图片色彩的要求。自动白平衡适应的色温范围在3500～8000K。

对于大多数场景，自动白平衡都可以得到比较准确的色彩还原。选择AUTO的白色优先挡，相机会自动矫正可能出现的色偏。这是我们最常使用的白平衡设置

→自动白平衡适应范围广，在幽暗的弱光环境中，利用自动白平衡模式的"氛围优先"设定能够在准确还原色彩的前提下，尽量保持一些暖暖的氛围。（这在拍摄夜晚室内灯光环境时比较有效。）

↓同样是自动白平衡，设定"白色优先"，最终照片色彩还原会变得更加准确
▼光圈f/3.2，快门速度1/1000s，焦距200mm，感光度ISO100，曝光补偿-0.3EV

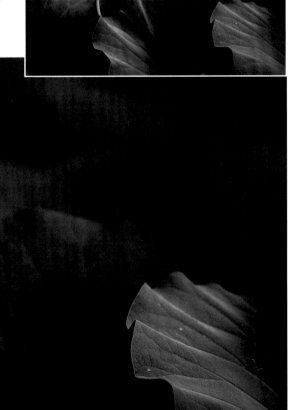

3. 摄影者手动选择色温

K 值调整模式：可以在 2500 ～ 10000K 范围内进行色温值的调整。数字越大得到的画面色调越暖；反之，画面色调越冷。K 值的调整是对应光线的色温值来调整的：光线的色温是多少就调整 K 值为多少，才能得到色彩正常还原的照片。（因为所有的色温模式值都能从 K 值中调整出来，所以许多专业的摄影师都选择此种模式调整色温。）

↑这张照片，如果我们根据常识直接设定钨丝灯或荧光灯白平衡模式拍摄，那么就错了，因为照片中更主要的光源是处于阴影部分的天空和江面的一些反射光线，所以说，对于本画面来说，阴影白平衡更合适一些。这里设定色温为6500K进行拍摄，以将场景的色彩准确地还原出来

▲光圈f/11，快门速度6s，焦距22mm，感光度ISO100

4. 摄影者自定义白平衡

虽然通过数码后期可以对照片的白平衡进行调整，但是在没有参照物的情况下，很难将色彩还原为本来的颜色。在拍摄商品、静物、书画、文物这类需要忠实还原与记录的对象时，为保证准确的色彩还原，不掺杂任何人为因素与审美倾向，可以采用自定义白平衡设定，以适应复杂光源，满足严格还原物体本身色彩的要求。

↓在光源特性不明确的陌生环境中，如果希望准确记录拍摄对象的颜色，可以使用标准的白板（或灰板）对白平衡进行自定义，来确保拍摄的照片色彩准确
▼光圈f/2.8，快门速度1/400s，焦距135mm，感光度ISO500

自定义白平衡的设定方法

（1）寻找一张白纸或测光用的灰卡，然后设定手动对焦模式，相机设定 Av 光圈优先、Tv/S 快门优先、M 全手动等模式。（之所以使用手动对焦模式，是因为自动对焦模式无法对白纸对焦。）

（2）对准白纸拍摄，并且要使白纸全视角显示，也就是说，白纸充满整个屏幕。拍摄完毕后，按回放按钮查看拍摄的白纸画面。

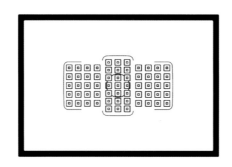

（3）按 MENU 按钮进入相机设定菜单，选择自定义白平衡菜单选项。此时，画面上会出现是否以此画面为白平衡标准的提示，按 SET 按钮，然后选择确定选项，即设定了所拍摄的白纸画面为当前的白平衡标准。

> **小提示** 具体是选择标准灰卡的灰色面、白色面还是纯白的 A4 打印纸进行手动白平衡的校准，这要看个人喜好，但根据个人经验，使用灰卡背面的白色面进行白平衡校准的效果最好。有摄影者测试后认为纯白的 A4 打印纸的校准效果很不准确，这是因为测试用的纸张质量有问题。

色温设定与照片色彩的关系

如果是在钨丝灯下拍摄照片，设定钨丝灯白平衡模式（或设定 2800K 左右的色温值）可以拍摄出色彩准确的照片；在正午室外的太阳照明环境中，设定日光白平衡模式（或设定 5200K 左右的色温值），可以准确还原照片的色彩……这是我们之前介绍过的知识，即你只要根据所处的环境光线来选择对应的白平衡模式就可以了。如果我们设定了错误的白平衡模式，会是一种什么样的结果呢？

我们通过具体的实拍效果来进行查看。下面这个真实的场景是在中午11：40 左右拍摄的照片，准确色温在 5200K。我们尝试使用相机内不同的白平衡模式拍摄，来看色彩的变化情况。

钨丝灯白平衡模式拍摄：色温2850K

荧光灯白平衡模式拍摄：色温3800K

日光白平衡模式拍摄：色温5200K

闪光灯白平衡模式拍摄：色温5200K

阴天白平衡模式拍摄：色温6500K

阴影白平衡模式拍摄：色温7500K

　　从上述色彩随色温设置的变化中，我们得出了这样一个规律：相机设定的色温与实际色温相符合时，能够准确还原色彩；相机设定的色温明显高于实际色温时，拍摄的照片偏红色；相机设定的色温明显低于实际色温时，拍摄的照片偏蓝色。

灵活使用白平衡设置，表现创意

纪实摄影要求我们客观、真实地记录世界，以再现事物的本来面貌。比如我们按照实际的光线条件选择对应的白平衡，可以追求景物色彩的真实。摄影创作（如风光）是在客观世界的基础上，运用想象的翅膀，创造出超越现实的美丽图画。这样的摄影创作或许超越了常人对景物的认知，但它能够给观者带来美的享受。通过手动设定白平衡的手段，我们可以追求气氛更强烈甚至是异样的画面色彩，来强化摄影创作中的创意表达。

人为设定"错误"的白平衡设置，往往会使照片产生整体色彩的偏移，也就制造出不同于现场的别样感受。如偏黄色可以营造温暖的氛围，给人以怀旧的感觉；偏蓝色则显得画面冷峻、清凉甚至阴郁。

↑夜晚的城市中光线非常复杂，钨丝灯、荧光灯、天空也会有一些照明，在如此复杂的光线下应该尽量让照片的色彩往某一个方向偏移。面对这种情况时，建议设定较低的色温，让照片偏向蓝色，这样画面会非常漂亮
▲ 光圈f/16，快门速度20s，焦距30mm，感光度ISO100

↓日落时分，阳光穿过云层，光影效果非常出色，但使用自动白平衡只能得到灰蒙蒙的光影效果，落日的金黄色彩黯淡了很多。有意使用阴影白平衡可以令金黄色彩得到夸张，色彩感强烈了很多
▼ 光圈f/7.1，快门速度1/1250s，焦距70mm，感光度ISO400，曝光补偿-0.3EV

白平衡：背阴

白平衡：AUTO

↑ 日落时分，我们设定远高于实际场景色温的阴影白平衡，会让照片变得更加暖意洋洋，色彩感非常强烈

▲ 光圈f/8，快门速度1/160s，焦距24mm，感光度ISO400

↑日落时分，提高色温值拍摄是一种常见的技巧，但我们像本画面这样，降低色温拍摄，则可以拍摄出一种神秘的紫色感觉，画面非常旖旎、漂亮、与众不同

▲ 光圈f/5.6，快门速度1/20s，焦距20mm，感光度ISO400

↓在多云的光线下拍摄荷花，使用自动白平衡模式还原真实的荷花色彩，略带暖调，使荷花被表现得非常娇艳、具有亲近感，而转念希望表现出荷花"出淤泥而不染"的冷艳效果，于是使用了荧光灯白平衡模式，让画面基调呈现出蓝色的冷色调，如梦如幻

▼ 光圈f/4，快门速度1/400s，焦距190mm，感光度ISO100，曝光补偿-0.3EV

荧光灯白平衡效果

白平衡偏移/包围：一次拍摄多张不同色温表现的照片

白平衡的设置是一项非常专业而又重要的技术操作，初学者往往不知道该如何设置，或是向哪个方向做出调整并准确掌控调整的幅度，所以当前主流的数码单反相机提供了非常方便的白平衡偏移 / 包围功能，选择"白平衡偏移 / 包围"功能，一次拍摄可以获得 3 张（摄影者自行设定）不同色温的照片，从中挑选自己最满意的。白平衡偏移 / 包围既可以在没有进行白平衡微调时进行，也可以在白平衡微调的基础上叠加。

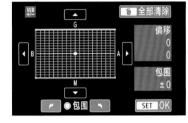

白平衡偏移/包围设定

白平衡包围1　　　　　白平衡包围2　　　　　白平衡包围3

↑光线非常复杂，且对于其光线的色温偏差程度把握不是很大时，可以考虑使用白平衡偏移/包围功能进行尝试。采取−3/0/+3的设定，一次拍摄得到3张照片进行对比。从实际拍摄的照片分析可知，保持白平衡的原始状态，色彩还原更为准确

▲ 光圈f/10，快门速度1/80s，焦距125mm，感光度ISO100

你需要格外注意的阴天白平衡模式

根据我们介绍过的知识技巧，拍摄照片时你只要根据现场的实际天气光线条件，设定正确的白平衡模式就可以了。如果你已经有了一定的摄影经验，那可能就会了一个问题，即在阴天的环境中，如果设定阴天白平衡模式，拍摄出来的照片往往是过于偏红色或是偏黄色的。

阴天白平衡模式（6500K）拍摄

设定较低的色温（4800K）拍摄

↑本例中，拍摄时阴云密布，还有渐渐沥沥的小雨，先设定为阴天白平衡模式拍摄，却发现照片的色彩明显是过于偏暖了，后来设定色温为4800K，照片的色彩反而变得非常准确了
▲ 光圈f/8，快门速度1/200s，焦距29mm，感光度ISO400

在现实环境中，阴天的光线是多样化的，大多数的阴天场景，色温都低于6500K，所以在一般的阴天环境中我们设定阴天白平衡模式进行拍摄，是要高于现场实际色温的，照片往往会偏红黄色。

对于这种情况，建议你在阴天环境中拍摄，在大多数情况下都要设定自动白平衡模式来拍摄，由相机根据实际情况来设定色温值，从而更加准确地还原真实场景的色彩。

6.2 风格设定（优化校准）对照片的影响力

相机的 JPEG 格式照片是 RAW 格式原片经过压缩和优化后输出的，而为了适应不同的拍摄题材，相机厂商为 JPEG 输出设定了不同的优化方式。佳能相机将 JPEG 照片优化方式称为照片风格 (尼康称之为优化校准)。例如，拍摄风光题材时，只要你设定风光优化校准，那相机输出的 JPEG 格式的照片中，绿色草地及蓝色天空等的颜色饱和度就会比较高，并且照片的锐度和反差也会较高，画面看起来会是色彩明快、艳丽的；如果你设定人像校准，那相机输出的 JPEG 格式的照片则会是亮度稍高，而饱和度、反差等都相对较低，这样可以让人物的肤色显得白皙。

拍摄照片时，可以根据不同的拍摄对象或是题材，设置获取与主题相切合的照片风格，如标准、人像、风光、中性等。

 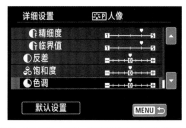 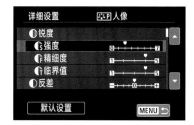

选择好具体的拍摄风格之后，如果觉得照片在锐度、对比度、亮度、饱和度和色相方面仍不是太理想，可以进入调整菜单进行微调

↓ 拍摄的原始照片
▼ 光圈f/14，快门速度1/160s，焦距35mm，感光度ISO100

标准：使用标准风格拍摄的照片，图像风格鲜艳、清晰、明快，可适用于大多数的拍摄场景，也就是说，无论是风光摄影还是人像摄影，也无论是雪景还是夜景摄影，都可以使用标准风格的图像来获取照片。

人像：人像风格的特色主要在于表现人物主体的肤色信息。人像风格的照片图像清晰、明快，拍摄女性或是小孩时效果非常明显。在人像拍摄模式下，照片风格自动默认为是人像风格的照片，同时，调整拍摄时的色调设定也能改变人物主体的肤色。

风光：风光风格的照片风格设定适宜于拍摄风景照片

时的设定。用此风格拍摄的照片，图像中的蓝色调和绿色调非常清晰、鲜艳，并且可以获取非常明快的风景图像。在设定拍摄模式为风景时，默认的照片风格就是风光风格。

精致细节：锐度较高，但反差、饱和度较低。这样有利于在确保画质锐利的前提下，保留更多的细节。拍摄一些微距、静物类题材时可以考虑使用。

中性：中性风格获取的照片色彩和画面柔和度都比较适中，获取的照片比较适宜进行计算机后期处理。

单色：单色风格适用于进行黑白照片的拍摄，可以记录画面冲击力很强的黑白影像。

风光

人像

可靠设置

中性

精致细节

单色

6.3 色彩空间

sRGB与Adobe RGB色彩空间

色彩空间也会对照片的色彩有一定影响，但在人眼可见的范围之内，我们几乎分辨不出差别。人眼对于色彩的视觉体验与计算机以及相机对于色彩的反应是不同的。通常来说，计算机与相机对于色彩的反应要弱于人眼。因为前两者要对色彩抽样并进行离散处理，所以在处理过程中就会损失一定的色彩，并且色彩扩展的程度也不够，有些颜色无法在机器上呈现出来。计算机与相机处理色彩的模式称为色彩空间主要有两种，分别为 sRGB 色彩空间与 Adobe RGB 色彩空间。

sRGB 是由微软公司联合惠普、三菱、爱普生等公司共同制定的色彩空间，主要为使计算机在处理数码图片时有统一的标准。当前绝大多数的数码图像采集设备厂商都已经全线支持 sRGB 标准，在数码单反相机、摄像机、扫描仪等设备中都可以设定 sRGB 选项，但是 sRGB 色彩空间也有明显的弱点，主要是这种色彩空间的包容度和扩展性不足，许多色彩都无法在这种色彩空间中显示，这样在拍摄照片时就会造成无法还原真实色彩的情况，也就是说，这种色彩空间的兼容性较好，但在印刷时的色彩表现力可能会差一些。

Adobe RGB 是由 Adobe 公司在 1998 年推出的色彩空间，与 sRGB 色彩空间相比，Adobe RGB 色彩空间具有更为宽广的色域和良好的色彩层次表现，在摄影作品的色彩还原方面，Adobe RGB 更为出色。另外在印刷输出方面，Adobe RGB 色彩空间更是远优于 sRGB。

从应用的角度来说，可以在相机内设定 Adobe RGB 或 sRGB。如果从所拍摄照片的兼容性考虑（要在手机、计算机、高清电视等电子器材上显示统一的色调风格），并大量使用直接输出的 JPEG 照片，那建议设定为 sRGB 色彩空间。如果拍摄的 JPEG 照片有印刷的需求，设定色域更为宽广一些的 Adobe RGB 即可。

小提示 如果具备较强的数码后期能力，会对拍摄的 RAW 格式进行后期处理，再输出，那在拍摄时就不必考虑色彩空间的问题了，因为 RAW 格式文件会包含更为完美的色域，远比机内设定的两种色彩空间的色域要宽。照片处理过之后，再设定具体的色彩空间输出就可以了。

你所不知道的ProPhoto RGB

在之前很长一段时间内，如果我们对照片有冲洗、印刷等需求时，建议将后期软件的色彩空间设定为 Adobe RGB 再对照片进行处理，其色域比较宽；如果仅是在计算机及网络上使用照片，那设定为 sRGB 就足够了。随着技术的发展，当前较新型的数码单反相机及计算机等数码设备都支持一种之前我们没有介绍过的色彩空间——ProPhoto RGB。ProPhoto RGB 是一种色域非常宽的工作空间，其色域比 Adobe RGB 宽得多。

数码单反相机拍摄的 RAW 文件并不是一种照片格式，而是一种原始数据，包含了非常庞大的颜色信息。如果将后期软件工作时的色彩空间设定为 Adobe RGB，是无法容纳 RAW 格式文件庞大的颜色信息的，会损失一定量的颜色信息，而使用 ProPhoto RGB 则不会，为什么呢？下图向我们展示了多种色彩空间的示意图：我们可将背景的马蹄形色域（Horseshoe Shape of Visible Color）视为理想的色彩空间，除该色域之外的白色为不可见区域；Adobe RGB 色彩空间虽然大于 sRGB，但却依然远小于马蹄形色域；与理想色域最为接近的便是 ProPhoto

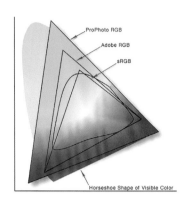

RGB 了，足够容纳 RAW 格式文件所包含的颜色信息。所以将后期软件设定为 ProPhoto RGB 这种色彩空间，再导入 RAW 格式文件，就不会损失颜色

信息了。

用一句通俗的话来说就是，Adobe RGB 色彩空间还是太小，不足以容纳 RAW 格式文件所包含的颜色信息，只有 ProPhoto RGB 才可以。

ProPhoto RGB 色彩空间主要是在数码后期软件 Photoshop 中使用的。设定这种色彩空间，可以确保你给 Photoshop 搭建了一个近乎完美色彩空间的处理平台，这样后续在 Photoshop 打开其他色彩空间时，就不会出现色彩细节损失的情况了。

（比如说，Photoshop 设定了 sRGB 色彩空间，那打开 Adobe RGB 色彩空间的照片处理时，就会因为无法容纳下 Adobe RGB 色彩空间的所有色彩，而溢出或说是损失一些色彩信息了。）

RAW 格式文件之所以能够包含极为庞大的原始数据，与其采用了较大位深度的数据存储是密切相关的。8 位的数据存储方式，每个颜色通道均只有 2^8=256 种色阶，而 RAW 格式的 16 位数据存储方式的每个颜色通道均有数千种色阶，这样就能容纳更为庞大的颜色信息，所以说，我们在将 Photoshop 的色彩空间设定为 ProPhoto RGB 后，只有同时将位深度设定为 16 位，才能让两种设定互相搭配，相得益彰，而设定为 8 位是没有意义的。

6.4 曝光值与色彩变化

可能你已经发现了这个问题，如果我们提高照片的亮度（如拍摄时增加曝光值、后期处理时提高照片的亮度等），或是降低，都会造成色彩饱和度的下降，只有明暗适中的照片，色彩表现力才会最强。

在实际的应用当中，要拍摄美女人像写真时，如果你增加曝光值（前提是不会严重过曝），色彩饱和度会降低，这样人物的肤色就不会太深，反而变亮，显得白皙很多。

→在拍摄星空的夜景时，场景是非常幽暗的，这样曝光值也不应太高，否则照片就会显得不够真实。这种低曝光值就相当于在原先的色彩中加入了黑色。可以看到，远景中的树木色彩饱和度是非常低的，色彩感很弱，也就是说，低曝光值有降低色彩饱和度的作用

▶光圈f/2.8，快门速度25s，焦距17mm，感光度ISO6400

唐艺 摄

拍摄一些小清新人像，其实我们没有必要刻意去调低拍摄时的饱和度，只要在拍摄时
稍稍让曝光值高一些，这样拍摄出的照片饱和度就会相对来说比较低，而且人物的肤
色也会比较白皙

▶ 光圈f/2，快门速度1/1250s，焦距85mm，感光度ISO100

▶ 光圈f/22，快门速度0.62s，焦距26mm，感光度ISO50

7 理解并玩转 拍摄模式

拍摄模式是摄影者控制相机的方式。这种控制主要有两个方面：一个是改变拍摄时的曝光值；另一个是改变画面效果。如我们在M模式下，开大光圈值，那相应的曝光值也会增大，同时发生改变的还有照片的景深，即虚化效果。

不过你要注意的是，在一些程序的自动模式下，调整某一个参数，曝光值可能不会发生变化，改变的只是虚实、动静、画质等参数。如果想知道每种拍摄模式的差别和使用技巧，就需要在本章的具体内容当中寻找答案了。

7.1 设定相机的工作方式

如果对照片的虚实有要求，那可以设定一定的光圈值，由相机根据曝光值来决定快门速度和感光度值（前提是感光度为自动，如果感光度也为固定值，那就相当于确定了光圈值和感光度值，由相机根据曝光值来决定快门速度）；如果对动静有要求，那就可以优先控制快门速度。

根据想要实现的照片效果而对相机采用的控制方式，就是曝光模式。

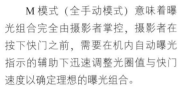

M模式的原理及使用

M 模式（全手动模式）意味着曝光组合完全由摄影者掌控，摄影者在按下快门之前，需要在机内自动曝光指示的辅助下迅速调整光圈值与快门速度以确定理想的曝光组合。

在 M 模式下，摄影者不必考虑曝光补偿，测光系统会在取景器内显示当前曝光设定与相机内测光的差值。这个差值在实质上起到了与曝光补偿相同的作用。如果根据曝光标尺将差值消除掉，那就相当于没有使用曝光补偿。

在拍摄特定的题材时，使用需要更多人工设定的手动曝光模式可以更好地体现创作者的意图——如长时间曝光的流水动感、夜晚焰火划过的轨迹等。

M 模式延续了手动相机的使用和操作习惯。资深摄影师会根据自己的拍摄经验和对未来影像效果的想象，通过自由调整光圈值、快门速度来控制照片的影调。在极端光线的场景中，手动曝光会比相机自动曝光的结果更准确。

M 模式的特点：由摄影者自行设定快门速度与光圈值，相机的测光数据作为参考——快门速度和光圈值均由摄影者根据场景特点和光线条件有针对性地设置。

M 模式的适用场景：该模式适合在所有场景进行创作，在需要完全自主控制曝光的场景中尤为适用，如夜景、影棚摄影、创意风光摄影灯。

曝光时间短于30s的任何场景，都可以使用M模式拍摄。
▶ 光圈f/11，快门速度1/250s，焦距58mm，感光度ISO200

132

在人工布光的场景当中，现场光线基本固定，我们只要确定了一组曝光参数，基本上就能确保后续所有照片都能有很合适的曝光。这样使用M模式就可以避免由相机频繁地自行设定参数而带来的照片明暗变化

▶ 光圈f/10，快门速度1/125s，焦距100mm，感光度ISO100

↑使用M模式拍摄夜景，更有利于摄影师根据实际情况控制明暗影调

▲ 光圈f/22，快门速度13s，焦距38mm，感光度ISO100

P曝光模式（求快）的原理及使用

程序自动曝光模式俗称"P挡"，刚刚入门的新手或是在光线复杂的环境抓拍，可以广泛应用于各类拍摄题材，尤其是在拍摄大场景的风光照片时，借助相机的自动设置功能可以轻松取得画面景物由远及近都十分清晰的效果，亮度和色彩表现也非常出色。

在程序自动曝光模式下，相机根据自动测光的结果，提供光圈值和快门速度的合理组合。P程序自动曝光模式通常会在保证手持拍摄稳定性的前提下控制合理的景深范围，以确保画面的清晰呈现。在程序自动曝光模式下，光圈值和快门速度由相机自动设定，但是摄影者可以针对实际情况进行偏移或是曝光补偿的操作。

初学者使用P挡拍摄的成功率较高，但是由于光圈值与快门速度的组合是由相机自动设定的，在面对一些特殊场景时，可能无法获得最佳的视觉效果。

P模式的特点：相机根据光线条件自动给出合理的曝光组合——光圈值和快门速度均由相机自动设定。
P模式的适用场景：旅行中的一般留影、快速捕捉精彩瞬间，以及光线复杂曝光控制难度较大的场景等。

↓室内灯光、室外自然光线混杂的场景中，抓拍街边的人物，设定P模式拍摄，既快捷，又可以很好地控制曝光
▼光圈f/3.5，快门速度1/60s，焦距14mm，感光度ISO320，曝光补偿−0.3EV

P模式的参数变化原理

P程序自动曝光模式的光圈值和快门速度是由相机根据机内预设的程序来自动决定的，其算法遵循相应的拍摄规律。相机厂商结合大量优秀摄影作品和专业摄影师的拍摄经验，综合汇总后分析其内在的规律，并以此为依据设计出程序曲线，控制相机光圈值与快门速度的曝光组合。

例如，使用50mm f/1.4镜头拍摄时，如亮度为12EV，从12EV（上边线）做斜虚线，得到与自动曝光程序线的交点，再引水平和竖直线条，即得到相应的快门速度（1/125s）和光圈值（f/5.6）。

依此类推，EV值为14时（通常在晴天顺光下拍摄），相机会自动将曝光组合设定为光圈值f/8、快门速度1/250s；当EV值为10时（通常在多云或

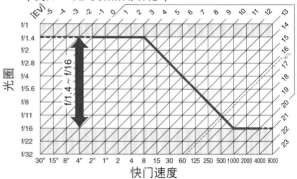

ISO 100：最大光圈为f/1.4且最小光圈为f/16的镜头（例如，AF 50mm f/1.4D）

图表中底部的横轴为快门速度，左侧的纵轴表为光圈值。图表的顶部与右侧的数字均为EV值。该图表显示的是感光度设定在ISO100时的测光范围与曝光组合

阴影下拍摄），相机会自动将曝光组合设定为光圈f/4、快门速度1/60s。由此可见，相机在P模式下，当光线较暗时会自动选择较大的光圈值，以使快门速度不会过低，保证手持拍摄的稳定性。

↓设定P模式，相机可以确保你快速拍摄出明暗合理的照片
▼光圈f/9，快门速度1/250s，焦距18mm，感光度ISO200

S/Tv模式的原理及使用

S/Tv 模式（快门优先模式又称速度优先模式），是先由摄影者设定所需的快门速度，再由相机根据测光数据决定相应的光圈值设定。S/Tv 模式是拍摄体育运动、野生动物、流水等题材时常用的拍摄模式，可以通过高速快门凝固住运动的瞬间，或利用慢速快门创意地表现拍摄对象在运动中形成的动感。

S/Tv 模式多用于拍摄动体或是要表现速度感的题材。快门速度的设定应当根据拍摄对象的运动速度决定。选择适当的快门速度需要丰富的经验积累，故想获得成功的作品，摄影者需要多尝试不同快门速度的设定。

S/Tv 优先模式的特点：摄影者控制快门速度，有利于抓取运动主体的瞬间或是刻意制造模糊，形成动感——快门速度由摄影者设定，光圈值由相机根据测光结果自动设定。

S/Tv 优先模式的适用场景：野生动物、运动主体、梦幻水流等题材。

在进行体育摄影和动感人像的拍摄创作时，可以运用高速快门来凝固运动中人物的姿态，精彩的瞬间也可以由高速快门记录下来，以呈现出不同寻常的影像效果。

←使用长焦镜头手持拍摄，要抓拍主体鸟儿的姿态，优先设定较高的快门速度是必不可少的

◀光圈f/6.3，
快门速度1/1000s，
焦距120mm，感光度ISO200，
曝光补偿−1.7EV

←拍摄流水，使用S/Tv模式，先决定好快门速度，让最终效果符合自己的拍摄目的

◀光圈f/22，快门速度0.62s，
焦距26mm，感光度ISO50

A/Av模式的原理及使用

A/Av 模式（光圈优先模式）是由摄影者先根据场景，设定所需的光圈值大小，再由相机根据测光数据自动决定合适的快门速度。在拍摄风光、人像、建筑、微距等题材时，A/Av 模式可以通过调整光圈值的大小，控制作品中背景景物清晰与虚化的范围，令主体更为突出。

A/Av 模式是专业摄影师最常选用的自动曝光模式。摄影者通过需要的景深对光圈值进行设定，而快门速度则由相机的自动曝光系统决定。在此基础上，摄影者还可以决定是否进行曝光补偿以及确定曝光补偿的数值。

A/Av 模式的特点： 由摄影者控制光圈值的大小，以决定背景的虚化程度——光圈值由摄影者主动设定，快门速度由相机根据光圈值与现场的光线条件自动设定。

> **小提示** 光圈值设定后，相机会记忆设定的光圈值并默认用于之后的拍摄。测光曝光开启（或半按快门激活测光曝光）时，旋转副指令拨盘可以重新设定光圈值。

A/Av 模式的适用场景： 自然风光、一般人像写真、环境人像、微距花卉等题材。

←拍摄风光作品时，摄影师多会采用广角镜头并使用中小光圈，以获得较大景深，使得前景和背景都清晰展现，让风景一览无余
◀光圈f/9，快门速度1/100s，焦距17mm，感光度ISO100

←人物是作品的主要表现对象，使用大光圈控制景深，可以虚化背景，突出人物主体
◀光圈f/2.5，快门速度1/1000s，焦距85mm，感光度ISO320

←A/Av模式也适合拍摄微距花卉题材
◀光圈f/4.5，快门速度1/250s，
焦距105mm，感光度ISO400

←在A/Av模式下，设定中等光圈值可以确保有
更好的画质
◀光圈f/5.6，快门速度1/180s，
焦距18mm，感光度ISO200

B门模式的原理及使用

B门专门用于长时间曝光——按下快门按钮，快门开启；松开快门按钮，快门关闭。这意味着曝光时间的长短完全由摄影者来控制。在使用B门模式拍摄时，最好使用快门线来控制快门释放，这样不但可以避免与相机直接接触造成照片模糊，而且还可以增加拍摄的方便性，曝光时间可以长达几个小时（长时间曝光前，要确认 EOS 5D Mark Ⅳ 的电池电量是否充足）。

B门模式的特点： 由摄影者自行设定光圈值，并操控快门的开启与关闭——光圈值由摄影者主动设定；快门速度由摄影者根据场景和题材控制曝光时间。

B门模式的适用场景： 超过30s的长时间曝光。B门是专门用于满足长时间曝光创作的需要。相机设定B门后，摄影者按下快门按钮，快门开启；松开快门按钮，快门关闭。曝光时间的长短，完全由摄影者来控制。在使用B门模式拍摄时，最方便的是使用快门线来控制快门的开启和关闭，这样不但可以避免与相机直接接触造成照片模糊，还可以通过锁定快门按钮，来增加控制的方便性。

虽然同样可以达到长时间曝光的效果，但 M 模式的最长曝光时间是30s，而对于B门模式来说，曝光时间可以多达数个小时，所以同样是在拍摄夜空时，M 模式只能拍摄到繁星点点，而B门模式，可以拍摄出斗转星移的线条感来。

↑虽然数码相机曝光几十分钟并没有大问题，但是利用多张堆栈仍然是最佳选择。如果要拍摄较多张数，那就可以先在其他模式下拍摄，最后再堆栈；但如果像本画面这样，单张达到90s，最终只需要20多张照片就可以堆栈出很好的星轨效果。（有关星空拍摄和后期堆栈的操作技巧，在本书后面的章节当中将有详细介绍）

▲ 光圈f/5，快门速度90s（单张90s，24张堆栈），焦距16mm，感光度ISO2000

7.2 场景模式的概念及用法

全自动模式能够确保你获得准确的曝光，但却无法根据你的拍摄需要来调节参数。比如说笔者想拍摄风光，那全自动模式是不会主动缩小光圈让你得到深景深效果的。为此，相机厂商设定了不同的场景模式，会根据拍摄题材的不同，自行设定一些适合表现所拍题材特点的参数。使用时，你只要设定一种场景模式，相机就会自动给出一组适合表现该题材的参数。

一般的中低档相机，在模式拨盘上会有常用的一些场景模式，像风光、人像、微距等；专业级的相机，一般不会在模式拨盘上集成这些模式，有些专业机型甚至直接将这些新手场景模式删除掉了。

下面我们来介绍一般场景模式的特点、原理及使用技巧。

人像：使用人像模式时，相机会降低拍摄时的锐度，并自动开大光圈，使拍摄的人物肤色白皙，同时背景也得到很好的虚化，以突出主体人物。

风景：适合拍摄白天在自然光线下室外的风光画面。拍摄时相机会自动缩小光圈，使远景的景物都能清晰地显示出来，同时还会自动提高拍摄时的自然饱和度，增加蓝色与绿色的浓艳程度，使画面中的天空、绿色植物等的表现力更强。画面整体明快，给人一种惊艳、轻松的感觉。

儿童照：在拍摄儿童时，使用该模式可以将儿童的衣物细节表现得非常完美，并且儿童的肤色也会比较柔和、自然。其原理是拍摄时相机会自动开大光圈以突出儿童形象，提高快门速度以抓住儿童精彩的瞬间表情及动作，并会适当降低锐度和饱和度以获得儿童平滑的肤质和自然的肤色。

运动：使用该模式时，相机会自动设定较高的快门速度，以凝结运动主体瞬间静止的画面。

　　近摄/**微距:** 官方给出的称呼为近摄模式, 其实就是微距模式。该模式适合拍摄昆虫、花草、静物表面的纹理等微观世界。其原理是拍摄时相机会自动开大光圈, 以营造出更优美的焦外虚化效果。

夜间人像： 夜晚拍摄人像题材时，使用该模式可以使主体人物与背景之间的明暗获得一种非常自然的平衡，即背景也比较明亮。其原理是拍摄时相机会自动以慢速快门拍摄，以使背景中的景物能够获得充足的曝光量。建议使用三脚架，并打开闪光灯辅助拍摄。

夜景： 在夜晚光线较暗的场景下，使用该模式可以有效地减少噪点，并且去除一些异常颜色。其原理是拍摄时相机会自动关闭闪光灯，并以较低的 ISO 感光度拍摄，防止因高感引起的噪点和杂色。夜景中使用低 ISO 感光度会导致较慢的快门速度，因此需要使用三脚架辅助拍摄。

　　宴会 / 室内： 多用于拍摄一些夜晚室内灯光下的题材，如晚宴、聚会等。其原理是拍摄时相机的白平衡设定会自动偏高一些，类似于自动白平衡中的保留暖色调，这样拍摄出的画面会给人一种温暖、舒适或热烈的感觉。

　　沙滩 / 雪景： 适合表现太阳光下因为反光而非常明亮的水面、雪地或沙滩。因为沙滩及雪景都是高亮景物，所以相机会在测得的曝光量基础上再增加一定程度的曝光值，让画面变得更加明亮、轻快。

（AUTO 全自动模式拍摄的沙滩 / 雪景会比实际偏灰，沙滩 / 雪景模式就是典型的"白加黑减"的应用）

日出/日落：适合用于保持日出或日落时的深色调，因为太阳比较明亮，使用该模式可以有效地表现出太阳周围及地表的深色景物。其原理是拍摄时相机会自动提高拍摄时的色温，让拍摄的画面比实际场景更加偏黄、偏红。

黄昏/黎明：能够表现出黄昏或黎明时微光下的景物色彩。其原理是拍摄时相机会自动增加一定的曝光值，使得画面更亮，同时还稍稍降低色温，使得画面的色调偏冷一些，从而真实地还原出黄昏或黎明时的画面。因为是弱光画面，所以建议使用三脚架辅助拍摄。

宠物：适合拍摄比较活泼、可爱的宠物。其原理是拍摄时相机会自动开大光圈以提高快门速度，来迅速捕捉灵活、好动的宠物。

烛光：适合在烛光下拍摄，能够准确地还原出烛光下环境的色彩。其原理是拍摄时相机会自动以烛光环境的色温为标准来拍摄，从而准确地还原色彩。因为烛光环境较暗，所以建议使用三脚架辅助拍摄。

花：使用这种模式在拍摄大片的花田时非常有效，色彩还原准确。其原理是拍摄时相机会自动增加绿色、黄色、红色等色彩的饱和度，也就是增强这些色彩的浓艳程度，让画面更加好看。

秋色：在该模式下，相机重点突出黄色与红色，以充分表现出秋天的意境。其原理是拍摄时相机会自动提高红色与黄色的饱和度。

7.3 特殊的场景模式

除一般的场景模式之外，随着摄影技术的发展，很多年轻摄影师都喜欢拍摄一些风格多变的题材，因此相机厂商又在相机内增加了一些比较特殊的场景模式。

夜视：在夜晚时，人眼看到的画面色彩感几乎没有，夜视效果即模仿这种画面效果。具体拍摄时，相机会设定高感，并以单色拍摄，这样在拍摄的画面中噪点可能会比较多。要注意，有时对焦点太暗可能会无法对焦，需要开启手动对焦的模式进行对焦。

微缩模型效果：使用该效果拍摄的画面中，对焦位置上下两侧的画面存在一定的虚化，模拟出类似于移轴镜头的效果。

色彩素描：在该模式下拍摄的画面类似于素描绘画作品，比较个性和另类。

保留特定色彩效果： 采用该模式拍摄时，摄影者设定想要重点表现的色彩，除此之外的色彩均以黑白效果显示。

　　剪影： 适合在较亮的背景条件下拍摄出主体曝光不足的剪影画面。其原理是拍摄时相机会自动降低曝光值，以让主体曝光不足，形成剪影。

　　高色调：适合在拍摄比较明亮的场景时，表现出一种高亮的画面效果。其原理是拍摄时相机会自动提高曝光值，让画面呈现出一种高调效果。

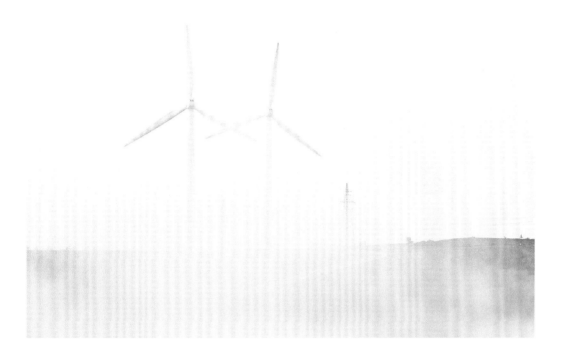

　　低色调：适合在一些光线昏暗的场景中拍摄深色调的对象。如果光线过于暗淡，需要使用三脚架辅助拍摄。

7.4 全自动模式

AUTO模式

　　AUTO 模式即为全自动模式。初次拿起相机的摄影者，AUTO 模式是最简单、有效的选择。设定此模式后，相机会变得类似于之前人们使用的傻瓜相机，摄影者只要对准拍摄对象，稳定住相机，按下快门，就可以拍摄到准确、清晰的照片。

　　所谓的最佳拍摄效果，是一种比较正确但非常普通的照片画面，不会有摄影者所追求的背景虚化程度、动人剪影、隐藏细节等效果。正是因为全自动模式的这种特点，所以对摄影初学者来说，这是一种极为安全、可靠的模式。使用 AUTO 模式时，除非是极端环境，否则相机绝不会犯错，总能够拍摄出合理的照片。

> **小提示**　　使用全自动模式时有一种情况比较特殊，例如在室内或是夜晚光线较暗的情景下拍摄照片时，相机一般不会根据光圈的条件而设定很长的曝光时间，而是直接自动弹起内置闪光灯对所拍摄场景进行补光。

↓利用全自动模式拍摄，总能拍摄到曝光准确的画面
▼ 光圈f/8，快门速度1/640s，焦距24mm，感光度ISO100

闪光灯关闭模式

　　摄影新手使用全自动模式可以拍摄下曝光比较准确的照片，且在光线较暗的场景中使用该模式相机还会自动弹起闪光灯进行闪光，但有些时候是不能使用闪光灯的，例如在拍摄婴儿、自然光线下的景物、教堂 / 美术馆 / 演奏会等场所内的景物时。在这些情况下，相机设置了闪光灯关闭模式可供摄影新手选择。这种模式与全自动模式基本相同，但闪光灯会完全关闭，让拍摄出的照片尽量保留住更多的现场氛围。

↑利用闪光灯关闭模式，能够保留下现场非常柔和、恬静的氛围
▲ 光圈f/2.8，快门速度1/160s，焦距50mm，感光度ISO400

小提示　使用闪光灯关闭模式拍摄时，如果现场光线很暗，相机可能无法获得很高的快门速度，而快门速度较慢又容易造成所拍摄画面抖动的情况发生，因此在较暗的场景中使用闪光灯关闭模式拍摄时，建议使用三脚架稳定相机。

▶ 光圈f/8，快门速度1/250s，焦距35mm，感光度ISO100

8 镜头、配镜
方案与附件

仅有一台专业相机，即便搭配了镜头，也只能应付一般的拍摄场景，要想拍摄出夜晚、室内等场景的漂亮照片，还需要一些附件的帮助。

这一章将介绍有关相机镜头，以及其他必备附件的选择和使用技巧。

8.1 镜头常识

镜头常规标识

1. 佳能镜头常见标记

例 EF 16-35mm 1:2.8 L Ⅱ USM
① ② ③ ④

① 镜头种类：EF 和 EF-S，前者用于全画幅，后者用于 APS 画幅。EF 镜头也可以用在非全画幅机身上，而 EF-S 镜头不能在全画幅相机上使用。

② 焦距：表示镜头焦距的数值。定焦镜头采用单数值表示，而变焦镜头上标记的数值是变焦范围。

③ 最大光圈：表示镜头的最大光圈值。如果像本例这样，1:2.8 是个固定值，这表示镜头为恒定光圈；有些镜头可能为 1:3.5-6.3 这种标记，这表示镜头为非恒定光圈。一般恒定光圈的镜头性能要更好一些。

④ 镜头特性：L 为高端镜头的标示。源自英语 Luxury（豪华、奢侈）的首字母，L 镜头上通常配备有红线标志，因此也被称为"红圈"；Ⅱ、Ⅲ 表示是同一款镜头的第 2、3 代更新产品；USM 表示采用了超声波马达。

2. 尼康镜头常见标记

NIKKOR：尼康 1932 年正式采用 Nikkor（尼克尔）作为相机镜头品牌。

G：G 型镜头没有光圈控制环，必须通过相机机身进行光圈设定。

ED：采用超低色散镜片（Extra-low Dispersion Glass）的镜头，可以减少色差，多用于长焦及大光圈镜头，可获得更佳的影像品质。

VR：光学防抖（Vibration Reduction），可以防止或降低镜头在摇晃或运动过程中产生的照片模糊。

> 小提示　尼康减震技术因镜头感应器的不同而分为 VR 和 VR Ⅱ。VR 技术可以有效降低 3 挡快门速度；新型 VR Ⅱ系统的镜头更可以帮助摄影者在放慢 4 挡快门速度的情况下仍能达到相同稳定的拍摄效果。

焦距与拍摄视角

镜头焦距的长短与感光元件的大小一样，都会影响最终所拍摄画面的视角大小，较短焦距所拍摄的画面大视角接近 180°，而较长焦距所拍摄的画面视角要小于 10°。焦距越长则视角越小，画面中可容纳的景物就会越少；焦距越短则视角越大，画面中可容纳的景物就会越多。

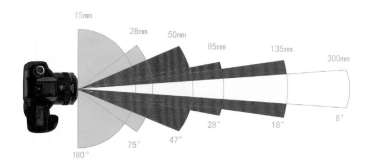

从15mm焦距到300mm焦距，镜头视角从180°缩小为了8°的视角范围

↑利用28mm短焦距，视角大，几乎将整个城市的夜景都尽收眼底。
▲ 光圈f/9，快门速度10s，焦距28mm，感光度ISO100

↓利用70mm长焦距，视角很小，却将远处的景物拉近，可看清更多的景物细节
▼ 光圈f/11，快门速度30s，焦距70mm，感光度ISO100

DSLR的等效焦距

在常见的画幅形式中，全画幅是指感光元件尺寸为 36mm×24mm 的机型，常见的有佳能的 6D、5D Mark Ⅲ 及尼康的 D750、D810 等机型，它们的性能及画质都非常出色。

APS-C 画幅的感光元件尺寸约为 24mm×16mm，大部分入门级数码单反相机都采用 APS-C 画幅，常见的如佳能 500D、550D、600D、50D、60D，尼康 D3100、D5000、D5100、D90、D7000 等。尼康公司命名自己的全画幅为 FX 画幅，APS-C 为 DX 画幅。

尼康数码单反机器右下角有FX的标志，说明为全画幅机型

全画幅相比于 APS-C 画幅，拍摄视角更大。全画幅感光元件尺寸是 APS-C 画幅感光元件尺寸的 1.5 倍，相应地，在同焦距的情况下，全画幅所拍摄画面的视角也是 APS-C 画幅的 1.5 倍。

由此会产生一个问题，例如 50mm 的镜头用在 APS-C 画幅机型上，所能拍摄的视角只相当于 75mm 的镜头用在全画幅机型上所得到的画面视角，于是等效焦距的概念就非常清楚了，即全画幅机型上镜头的焦距等效于 APS-C 画幅机型上镜头的 1.5 倍（也可能是 1.6 倍，因为有些 APS-C 画幅的尺寸还要更小一些）。这就是等效焦距的概念。

↑照片为全画幅拍摄的视角，中间的蓝色方框内大约是APS-C画幅的视角。可以看到，两者存在明显差异

▲ 光圈f/5.6，快门速度1/320s，焦距90mm，感光度ISO100，曝光补偿-0.7EV

镜头口径与有效口径

数码单反相机镜头的前端一般都会标一个数字，如 52mm、58mm、77mm 等，例如佳能入门机型 18-55mm 套装镜头的前端会有一个 58mm 的数字，这是指镜头前方的口径大小。标识这个镜头口径值，可以方便摄影者在为镜头加配滤镜时作为参考，搭配与镜头口径大小一致的滤镜。

我们还经常听说有效口径的概念，在大多数情况下，可以将有效口径看作是通光孔径的最大值（最大光圈的实际直径）。

镜头口径，仅作为滤镜接装依据

有效口径是将光圈开至最大时，光圈孔的直径

非球面镜片

光线通过透镜时，透镜中间的位置附近透过的光线会准确地汇聚在焦点位置，但是通过透镜边缘部位的光线则会变乱，这种光线汇聚的散乱性就会造成最终拍摄照片的模糊，这也被称为"球面像差"。使用"非球面镜片"可以解决这个问题，因为镜片中间的弧度与镜片边缘的弧度不同，以此来修正光线折射的焦距，可确保通过镜片任何位置的光线都能准确地聚焦在焦点上，形成锐利的图像品质。

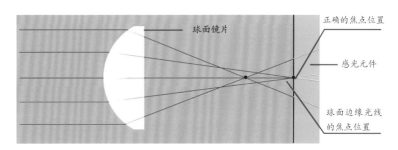

一般的球面镜片无法将通过其边缘的光线聚集在正确的焦点上

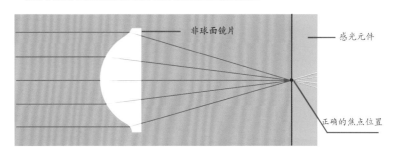

非球面镜片可以把通过镜片所有位置的光线都聚集在正确的焦点上

8.2 镜头分类一：定焦镜头与变焦镜头

定焦镜头是指焦距不可以变化的镜头，即镜头不可伸缩。使用时，若我们确定了拍摄距离，则拍摄的视角就固定了。如果要改变视角画面，就需要摄影者移动位置。这也是定焦镜头最为明显的劣势所在，但是，定焦头有很多优点。

（1）定焦头的光学品质较出众。

（2）定焦头一般都拥有较大的光圈。

（3）定焦镜头一般重量轻，较便于携带。

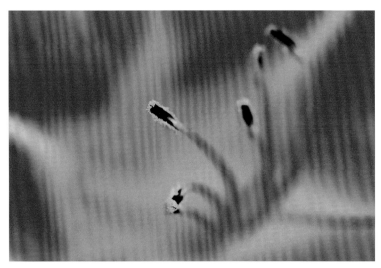

↑定焦镜头出众的画质，确保我们能够看清景物表面非常细致的纹理细节（对焦点周围的细节）

▲光圈f/3.2，快门速度1/500s，焦距105mm，感光度ISO200，曝光补偿-0.3EV

现在的变焦镜头的光学品质越来越高，专业级变焦镜头在光学品质方面几乎能够和定焦头相媲美，并且我们可以选择的变焦镜头涵盖了从超广角镜头到超望远镜头的各种焦段。

↑通过左图和右图对比，我们知道变焦镜头可以通过调节焦距改变被拍摄画面的视角，使用的时候不用经常换镜头，便可拉远拉近，非常方便

▲光圈f/8，快门速度1/160s，焦距100mm，感光度ISO125　　　　▲光圈f/8，快门速度1/160s，焦距135mm，感光度ISO160

8.3 镜头分类二：广角镜头、标准镜头与长焦镜头

1. 广角镜头的特点及使用

广角镜头是指镜头焦距在 50mm 以下的镜头。这种镜头的取景视角都很大，所以能够比一般镜头涵盖更多的拍摄范围，进而呈现出不同于一般镜头的宽阔效果。不过也正因为广角镜头具有这样的特点，在使用上必须注意构图取景，以免拍入太多的杂物。

广角镜头的镜头焦距很短，视角较宽，而景深却很深，比较适合拍摄较大场景的照片，如建筑、风景等题材。用此类镜头拍摄时，景物会被缩小，焦距越短，视角越大。

尼康14~24mm超广角镜头

↑ 使用广角镜头拍摄开阔的场景，近大远小的透视感非常强烈，给人以较强的视觉冲击力
▲ 光圈f/18，快门速度1/125s，焦距24mm，感光度ISO100

2. 标准镜头的特点及使用

　　"标准镜头"是指拍摄视野与人眼所看到的视野范围相近的镜头。135mm全画幅相机的标准镜头，一般定义在50mm左右的焦段。这类镜头体积小，光圈大，通常技术成熟。

50mm定焦镜头即是最典型的标准镜头　　　标准焦段的24-70mm 镜头即为标准变焦镜头

　　标准镜头的视角有如眼睛的延伸，而光学特性也与人眼相似，既不会像广角镜头有变形的问题，也不会像长焦镜头有改变景物远近的效果。这样的特性，正好用来训练摄影初学者的观察能力。

↑ 使用50mm焦距左右的标准焦段拍摄的画面与人眼直接观察的效果相似，画面显得真实、自然
▲ 光圈f/18，快门速度1/125s，焦距24mm，感光度ISO100

小提示　标准镜头的镜片构造比一般镜头的简单，使得对焦工作只需移动少数镜片就能完成，加上大光圈的特点能够获得更多的光量，因此相机的对焦系统能够有更多的光线信息，来驱动镜头进行快速、准确的对焦。

3. 长焦镜头的特点及使用

当镜头的拍摄视角小于标准镜头的视角，也就是镜头焦距超过 50mm 以上时，通常称为长焦镜头。在一般情况下，长焦可以把远处的景物拉近，效果就像发生在我们眼前一样，所以在拍摄离拍摄对象较远的场景时，例如体育摄影、野生动物摄影等，经常用来表现对象的特写画面，同时还可表现远处景物的细节。

在一般情况下，长焦镜头的内部镜片构造极为复杂，售价较高

使用长焦镜头更容易获得极浅的景深效果，利于突出主体。这种镜头具有明显的压缩空间纵深距离和夸大后景的特点。

小提示 望远镜头精确对焦比较难以控制，稍有不慎就会造成主体模糊。

↑即使使用中等光圈拍摄，但因为焦距足够长，所以也很容易获得极浅的景深效果，对背景进行虚化，以强调主体
▲ 光圈f/7.1，快门速度1/400s，焦距500mm，感光度ISO160

8.4 两类特殊镜头

1. 微距镜头

　　最常见的特殊镜头就是专门做近摄的"微距镜头"。它的特点是最近对焦距离比一般镜头更短，在感光元件上所形成的影像大小与拍摄对象自身的真实尺寸差不多，能够取得接近1：1的放大倍率。虽然微距镜头是以近摄为前提来设计的，但是它在任何距离下都能进行对焦，加上大多数的微距镜头都采用定焦设计，成像品质良好，所以也有许多摄影者把它们拿来当一般镜头使用。

佳能著名的百微镜头Canon EF 100mm f/2.8L IS USM

◀—利用微距镜头靠近主体拍摄，能够将较小的对象拍得更大，表现出微观世界的诸多细节

◀光圈f/2.8，快门速度1/1000s，焦距100mm，感光度ISO100

2. 鱼眼镜头

鱼眼镜头是焦距极短的一种特效镜头，其视角接近或等于 180°。16mm 焦距或更短的镜头通常被认为是鱼眼镜头。因为焦距短，拍摄对象会产生严重畸变，但摄影者正是用这种特征拍特效场面。为使鱼眼镜头达到最大的拍摄视角，这种镜头前镜片直径呈抛物状向镜头前部凸出，与鱼的眼睛颇为相似，"鱼眼镜头"因此而得名。鱼眼镜头属于超广角镜头中的一类特殊镜头，它的视角力求达到或超出人眼所能看到的范围。

焦距为15mm的鱼眼镜头

> **小提示**　鱼眼镜头不单是名字特殊，连它的规格、外观也与众不同。在规格方面，它具有极短的焦距，如 6mm、8mm 等，可取得超过 180° 的辽阔视角。在外观上，它最前端的镜片具有极度弯曲的弧度，使得用鱼眼镜头所拍摄的图像会有歪曲变形的特点。

> **小提示**　移轴镜头与反射式镜头也比较特殊，但使用范围比较小，有局限性，这里我们就不再过多介绍了。

↓鱼眼镜头的视角很大，能够表现出更多的环境细节。画面几何形状的畸变能够强烈地吸引观者的注意力

▼ 光圈f/8，快门速度1/800s，焦距15mm，感光度ISO100，曝光补偿-0.3EV

8.5 配镜方案

最经济的配镜方案（入门及中档机型）

为相机选择的焦段，应该能够涵盖从广角到长焦的范围。对于APS-C画幅来说，主要是指18～200mm这个范围。这样在选择配镜方案时，就有很好的参考了。如果购买相机时你选择的是18-55mm的套头，那佳能用户后续可以选择55-250mm这支镜头，以总价在2000元出头，就能使用到18～250mm的全焦段范围，非常合适。尼康用户则可以选择18-55mm与70-300mm这两支镜头搭配，以总价在4000元出头，就能使用到18～300mm的全焦段范围。

如果你在购买相机时选择了18-200mm的套头，那就一步到位地解决了全焦段覆盖问题，可以说一镜走天下。

覆盖全焦段范围后，如果你喜欢拍人像，那可以购买一支50mm的定焦镜头；如果你喜欢拍花卉，那可以考虑购入一支微距镜头。（佳能可以选择100mm微距镜头，尼康可以选择105mm微距镜头）

↑利用广角端拍摄一般的风光题材

▲ 光圈f/8，快门速度1/160s，焦距18mm，感光度ISO200

↑距离较远时，可使用长焦端拍摄
▲ 光圈f/2.8，快门速度1/500s，焦距125mm，感光度ISO100

添加一支微距镜头，可以让你拍摄好看的花卉题材
光圈f/4，快门速度1/125s，焦距100mm，感光度ISO800

全画幅的标准配镜方案

针对从广角到长焦的常用焦段，相机厂商推出了多支性能出众的"牛头"。佳能的三大常用牛头是16-35mm、24-70mm和70-200mm三支镜头（可称为三剑客），尼康对应的三支镜头是14-24mm、24-70mm和70-200mm（可称为大三元）。佳能和尼康的这三支镜头的最大光圈都是恒定的f/2.8，即便是在焦段边缘，将光圈开到最大的f/2.8，也能拍摄到出众的照片画质。

无论是佳能还是尼康搭载上述各自的3支镜头，都是全画幅机型的标准配镜方案，而这种配镜方案，唯一美中不足的是总售价比较高。

佳能16-35mm f/2.8镜头

佳能24-70mm f/2.8镜头

佳能70-200mm f/2.8镜头

↑利用16-35mm镜头广角端拍摄风光，可容纳更多的景物
▲ 光圈f/8，快门速度1/80s，焦距21mm，感光度ISO200

↑ 利用70-200mm镜头的超长焦端拍摄远处的运动员，可以将对方的表情及动作看得更清楚

▲ 光圈f/2.8，快门速度1/1600s，焦距200mm，感光度ISO500

↑ 利用70-200mm镜头的100mm左右的焦段，开大光圈拍摄人像，效果非常理想

▲ 光圈f/2.8，快门速度1/320s，焦距85mm，感光度ISO100

↑利用24-70mm镜头的标准焦段拍摄禾木日落的美景，视角比较自然，具有亲和力

▲ 光圈f/5，快门速度1/50s，焦距38mm，感光度ISO100，曝光补偿-1EV

全画幅的高性价比配镜方案

　　上面我们介绍过，大三元或三剑客的配镜方案，整体价格是非常高的，要达到 3 万元以上，这显然并不适合绝大多数的摄影者。为此，相机厂商在确保焦段不变的前提下，将最大光圈固定在了 f/4，这样在拍摄人像题材时，因为最大光圈稍稍偏小，所以背景的虚化效果可能会有所欠缺，但好处也是很大的，这 3 支镜头在全焦段范围内的画质均出众，并且总售价便宜了接近一半。

　　另外，只要摄影技术达到了，摄影者可以扬长避短，依然能够实现想要的绝大部分照片效果。

↑即便最大光圈有所欠缺，但在拍摄人像写真时，我们通过加长焦距、改变拍摄距离，也能获得很理想的背景虚化效果

▲ 光圈f/2，快门速度1/320s，焦距85mm，感光度ISO100，曝光补偿+0.5EV

8.6 镜头俗语揭秘

"狗头"与"牛头"

"狗头""牛头"是影友们对不同档次镜头的一种戏称。"狗头"是指各相机厂商生产的低档次镜头。这类镜头比较便宜，做工相对粗糙，一般为硬化塑料材质。该类镜头大多是搭配一些入门级数码单反相机作为套头出售，也就是经济实用的普通镜头。

"牛头"是相对"狗头"而言的，即使是长焦镜头也具备 f/4 及以上的大光圈，并且是恒定光圈。这类镜头成像画质较高，色彩还原准确，相应地起售价也较高。从技术参数来看，恒定大光圈的变焦镜头一般都是"牛头"，比如佳能的大部分红圈镜头、尼康的大部分金圈镜头等，大多是"牛头"。

"小白"与"爱死小白"

这是摄友们对佳能 70-200mm 焦段几款镜头的戏称。"小白"是指佳能 EF 70-200mm f/2.8 L USM，"小白 IS（爱死小白）"是指佳能 EF 70-200mm f/2.8L IS USM，"小白 IS 二代（爱死小白兔）"是指佳能 EF 70-200mm f/2.8 L IS II USM，"小小白"是指佳能 EF 70-200MM f/4 L USM，"小小白 IS（爱死小小白）"是指佳能 EF 70-200mm f/4L IS USM。之所以称这些镜头为"小白"系列，是因为与另外一款体积更大的佳能 EF 100-400 f/4.5-5.6L IS USM"大白"镜头相对而言的。

"小竹炮"与"大竹炮"

"小竹炮"，也称"XZP"，是对尼康尼克尔 AF-S VR 70-200mm f/2.8G IF-ED 镜头的戏称，它是尼康大三元镜头中的长焦变焦镜头，有着出色的画质表现。"大竹炮""DZP"即"小竹炮"的升级版，也称为"小竹炮"二代，是尼康新一代的长焦新贵 AF-S 尼克尔 70-200mm f/2.8G ED VR II。"大竹炮"采用了新一代的 VR II 防抖系统。

"大三元"与"三剑客"

"大三元"是指佳能与尼康涵盖从广角到长焦端，且具有恒定大光圈的三款高档镜头，这三支镜头一支负责超广角、一支负责标准变焦、一支负责长焦，三者加起来可以覆盖从超广角到长焦的最常用焦段。佳能"大三元"镜头分别为 EF 16-35mm f/2.8L II USM、EF 24-70mm f/2.8L USM 和 EF 70-200mm f/2.8L IS II USM；尼康"大三元"镜头分别为 AF-S 尼克尔 14-24mm f/2.8G ED、AF-S 尼克尔 24-70mm f/2.8E ED VR 和 AF-S 尼克尔 70-200mm f/2.8E FL ED VR。为与尼康区别，也有一些影友将佳能"大三元"镜头称为"三剑客"。

"锐"与"肉"

"锐"是锐利的意思，即指照片的锐度，它是反映图像平面清晰度和图像边缘锐利程度的一个指标。画面的锐度高，图像平面上的细节对比度也更高，看起来更清楚。"肉"与锐利相反，是指照片清晰度和图像边缘锐利程度比较低，细节比较少，图像显软和模糊。

"放毒"与"德味"

影友们通常将昂贵器材拍出的照片画面称为"毒"，将那些天价的发烧镜头称为"毒头"。"放毒"，就是专门发"毒头"拍摄的照片，鼓吹"毒头"和发烧器材，激发摄影者的购买欲望，让人"中毒"。"德味"是指画面细节和色彩都非常好，像是德国豪华品牌镜头拍摄的画质，象征着一种奢华、高贵的气质。德系镜头的层次感比较强，如蔡丝、徕卡、施耐德等。通常人们所说的德味是指某款镜头具有德系镜头的色彩特征。

8.7 必配附件

要拍摄出一些漂亮的照片效果，你可能还需要一些特定附件的帮助才能实现。如镜头前加装偏振滤镜能够让照片的色彩更浓郁；如使用三脚架可以帮助你进行长时间的曝光，拍摄到流水等的梦幻慢门效果等。

摄影背包选择要点

选择一款专业的摄影包存放、携带并保护相机是非常必要的，这样可以更方便、安全地携带相机。

容积：如果配置有从广角到长焦的多支镜头以应对不同的场景，再加上机身和其他附件，摄影包必须有足够的容积才能装下整套器材。这里给大家说一条价值"上千元"的建议，一定要购买一个稍大一点的双肩包，最好是能容纳下两机 + 两镜的，否则随着对摄影的熟悉、器材的增加，你会发现摄影包很快就不够用了，需要更换，这样你之前数百元购买的摄影包就浪费掉了。笔者身边有很多摄影师朋友，前后换过多次背包，都是因为容积不够。

双肩还是单肩：双肩包容积普遍较大，可以减轻长途跋涉的负担。单肩包通常体型较小，机动性强，便于取放器材，但是防护性较弱。这里有一个非常个人化的建议，如果想长期发展摄影这个爱好，那就不必考虑单肩包了，直接购买一个双肩包吧！

带防雨绸的单肩包

选购：一般来说，乐摄宝、国家地理等品牌的摄影包性能和质量都非常好，不过相应的价格也要高一些，所谓一分钱一分货就是这个道理。像天域这类的摄影包，就是针对发烧友级别的，性能出众，但售价非常昂贵。

选购摄影包，个人的建议是到摄影器材城，并找到专门卖包的门店购买。要注意，同时销售多种不知名品牌的店面不要考虑。最好是到专业销售某单一品牌的店面，他们大多是厂家的销售点，价格会便宜很多。

天域双肩包

常见滤镜

滤镜是镜头的重要附件，除了保护作用之外，还能滤除光线中的特定波长或是阻挡部分光线，改变曝光量，得到特殊的画面效果。由于成像的光路中，因此滤镜的光学品质对相机的成像有着不可忽视的影响。滤镜大多由玻璃材料制成，高级别的产品不仅使用光学玻璃制造，还施以特殊的镀膜处理，以尽量减少对光学成像品质的负面影响。

1. UV保护镜

UV 镜是最常用的保护镜，在保护镜头的同时，还起到滤除光线中紫外线的作用。另外，使用 UV 镜还可以避免尘土或是水汽进入镜头造成污损，在受到意外磕碰时更能起到物理防护的作用。为了不影响到镜头的成像品质，应选择优质的 UV 镜，如 B+W、施耐德等。

UV镜

UV镜

UV镜

173

2. 偏振镜

　　偏振镜也称偏光镜，借助的是偏振光的原理，在风光摄影中最大的功能就是可以将天空变得更"蓝"。偏振镜还可以滤除水面、叶片等物体部分杂乱的反射光，令颜色还原更加真实，色彩饱和度更高。由于其外层偏振镜片需要做成可旋转的结构，因此有些偏振镜做得比较厚，当配合超广角镜头时可能会造成暗角。如果需要放在超广角镜头上使用，摄影者需要购买超薄型的偏振镜。

偏振镜

偏振镜

↑旋转偏振镜，尽量去掉更多的反光，让花朵和花瓣的色彩饱和度更高

▲ 光圈f/4，快门速度1/80s，焦距200mm，感光度ISO100

↑在太阳光线很强烈时，如果要让天空曝光正常，那么地面景物势必会严重曝光不足。使用渐变滤镜可以完美地解决这一问题，让画面的曝光更加均匀，以呈现出更多的细节

▲ 光圈f/11，快门速度1/500s，焦距16mm，感光度ISO320

圆形中灰镜

3. 渐变滤镜

    拍摄风光（特别是日出、日落的景观）时，经常会遇到天空和地面光比过大的情形。由于最暗处与最亮处对比极大，很可能超出数码相机的宽容度范围，拍摄时很难做到整个画面的所有位置都能得到适度的曝光，从而导致最终拍摄的照片损失层次和细节。

    这时可选择中灰渐变滤镜，利用它来压暗较亮的天空部分。滤镜亮暗部分的过渡是逐渐变化的，因此不会在照片上留下明显的遮挡痕迹。

↑通过ND中灰镜，将曝光延长到5s，流水的形态会完全改变，如丝绸般展开

▲ 光圈f/10，快门速度5s，焦距24mm，感光度ISO100，曝光补偿+0.3EV

4. 中灰镜

中灰镜又称中灰密度镜，简称 ND，由灰色透明的光学玻璃制成。中灰镜对光线起到部分阻挡的作用，降低通过镜头的光量来影响曝光。

根据阻挡光线能力的不同，中灰密度镜有多种密度可供选择，如 ND2、ND4、ND8，它们对曝光组合的影响分别为延长 1 挡、2 挡、3 挡快门速度。有了中灰镜的辅助，我们在光线较强的时候也可以使用大光圈或者慢速快门，从而丰富了表现手段，可以做到更精准的景深控制。

小提示　多片中灰镜可以组合使用，不过需要注意的是，由于位置在光路上，中灰镜对成像品质会有一定影响，而多片组合就更为显著。如非必要，不建议这样使用。

三脚架与快门线

1. 三脚架的结构

在光线较暗的环境中拍摄时，相机的曝光时间往往较长，手持相机拍摄是无法拍出清晰照片的，例如拍摄夜景时，如果没有三脚架，则根本无法拍摄。进行微距摄影、精确构图摄影时，也必须有三脚架的支撑，否则轻微的相机抖动就无法拍摄到理想的照片。

脚管： 三脚架的每一条腿都是由数节粗细不等的脚管套叠而成的，大多为3～4节。节数越少，整体稳固性越高。缺点是收合之后的长度也较长，便携性较差。

中轴： 中轴负责衔接三脚架的主体和云台，并可以快速调节高度。有些三脚架的中轴设计为可以倒置安装，将相机的机位降至接近地面，这在拍摄特殊题材时非常方便。需要注意的是，虽然可以通过升降中轴来调节相机的高度，但是在中轴高度升至最高时，三脚架整体的稳固程度会降低。

云台： 相机安装在云台上，以快速调节拍摄角度和方向。根据结构不同，云台可以分为两大类——三向云台与球形云台。三向云台调整精度高，而球形台操作灵活，故不同的结构特点有各自的适用范围。例如，风光摄影和商业摄影注重构图的严谨与精确，因此多选择三向云台；人像摄影与体育摄影重视瞬间的抓取和灵活的应用，因此多选择球形云台。

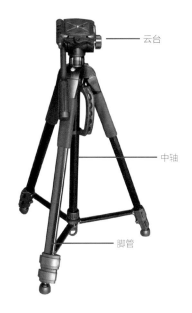

云台

中轴

脚管

球形云台　　　　　　　三维云台

2. 三脚架的选择要点

常见的三脚架脚管材质主要有铝合金和碳纤维两种。优质的铝合金三脚架脚管强度高、结实、耐用，价格也相对较实惠，缺点是自重较重。碳纤维材质的三脚架轻便、结实，缺点是价格昂贵，且携带和托运时要格外留意，勿受重压。

无论是哪种材质三脚架，对于摄影师来说，选择的第一标准都应该是稳定！轻便但不稳定对摄影来说，没有任何用处。

铝合金管　　　　　　　碳纤维管

在能力允许的范围内，应尽可能选择优质的名牌三脚架，国产的如思锐等，进口的如捷信等。这些三脚架往往能在轻便的前提下，尽量确保稳定性。

↑使用微距镜头拍摄花蕊和昆虫的细节时，使用三脚架可以确保图像清晰，细节分明

▲ 光圈f/5，快门速度1/320s，焦距105mm，感光度ISO800

3. 快门线

三脚架虽然能够确保拍摄时相机的稳定性，但在一些需较长时间曝光的场合，手按快门仍然会带来相机的抖动，最好是使用快门线控制。

购买快门线，不要图省钱，也不要迷信原厂。笔者的建议是购买副厂出的功能多一些的快门线，并且这类快门线的售价还非常低。举例来说，如果你的快门线具备定时、延时拍摄等功能，那在拍摄夜景星轨等题材时，就非常方便；如果你的快门线能够遥控操作，那也会比较方便。

在购买快门线时应该注意，不同的单反机型要使用对应型号的快门线。要注意观察外包装上的适应机型等标注

← 拍摄慢门风光时，仅有三脚架是不够的，快门速度线也是必备附件

◀ 光圈f/8，快门速度1/250s，焦距35mm，感光度ISO100

CF卡

SD卡

存储卡与读卡器

1. 存储卡的选择要点

在购买存储卡之前，应该查明各类不同的存储卡与相机的兼容性。另外，许多 DSLR 用户都会采用 RAW 格式拍摄存储照片，这样每张照片都会占用较大空间，一般会是 20MB 左右或者更大，那就应该选用容量较大的存储卡，例如 16GB、32GB 等。

2. 读卡器的选择和应用

在数码单反相机的标准配件中包含一根 USB 数据传输线，可以将相机与计算机连接，用于将存储卡中的文件传输到计算机中，但是，有些相机和计算机连接需要安装驱动程序，使用起来不大方便。如果需要经常在不同的计算机上传输，建议购买一个读卡器。

读卡器是一种专用设备，有插槽可以插入存储卡，有端口可以连接到计算机。把合适的存储卡插入插槽，端口与计算机相连并安装所需的驱动程序之后，计算机就把存储卡当作一个可移动存储器，从而可以通过读卡器读写存储卡。

将读卡器插入计算机

市面上的读卡器有单一型读卡器和多合一读卡器两种类型。单一型读卡器价格便宜，体积小，但只能读取一种特定类型的存储卡。

其实，更多的读卡器具有多合一读卡功能，可以从数码相机常用的存储卡中读取数据。

单一型读卡器

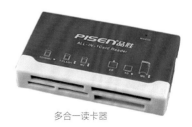

多合一读卡器

▶ 光圈f/8，快门速度1/500s，焦距90mm，感光度ISO200

9 提升照片艺术表现力的3个要素

运用合理的技术及审美感觉，能够确保你拍摄到大致令人满意的照片。经过一段时间的学习后，相信大部分初学者都可以做到这一点。如果要让照片真正变得与众不同，则取决于一些细节的设计，如层次、质感、透视等。

9.1 层次

景物自身明暗和色彩的层次感

　　层次是影调或色调层次的简称，是指照片表现出来的景物的明暗和色彩，是摄影时进行构图、表达主题的重要手段。层次是构成影像的基本因素，起码要有两个层次才能构成影像，比如白纸黑字的照片，只有两个层次，而逆光照片层次非常丰富。如果要拍摄一张成功的摄影作品，就需要画面具有很强的层次感，要求画面影调（黑色、白色、灰色）和色调层次变化多些，丰富一些。

　　只要选择拍摄的景物自身具备明显的明暗或色彩差异，且曝光过程不出现大的失误，那么最终拍摄的照片画面就会具有很好的明暗或色彩层次。

←利用景物自身的明暗来丰富画面层次

◀光圈f/5，快门速度1/100s，焦距90mm，感光度ISO100，曝光补偿+1.3EV

←利用景物自身的色彩来营造画面的层次感

◀光圈f/5，快门速度1/200s，焦距105mm，感光度ISO800

利用构图与用光来丰富层次

取景时，选择有纵深感、透视感的背景，并寻找一个合适的前景来对画面层次和深度进行强调和强化，这样画面的层次效果一般会比较好。多层次的景物交相辉映，会形成一种富有节奏的美感。

↓夸大的前景，让画面富有层次感，悠远而又有深度

▼ 光圈f/8，快门速度1/30s，焦距11mm，感光度ISO200，曝光补偿−0.7EV

↑在倾斜的直射光下，画面明暗影调层次丰富

▲ 光圈f/8，快门速度1/160s，焦距16mm，感光度ISO200

从景物侧面或斜方向照射的光线能够让整个环境的明暗都发生非常大的变化，使画面的影调层次变得非常丰富，从而具有更强的立体感。

↑ 侧光让画面中凸起的景物产生明显阴影，丰富了画面层次
▲ 光圈f/8，快门速度1/1600s，焦距16mm，感光度ISO320

逆光照片一般都具有非常明显的层次感，但很容易出现明暗反差过大而损失中间调的问题。其主要表现是地面景物过暗而损失了细节，所以要通过一些特定手段来解决这个问题：（1）使用渐变滤镜调和画面的明暗程度；（2）采用 HDR 等手段获得更多的暗部细节；（3）在后期软件中对暗部进行提亮处理。其中，建议采用第 1 或第 2 种方法，因为一旦暗部曝光不足，被强行提亮的部分就会严重失真，或是噪点非常严重。

↑ 逆光让画面层次鲜明，这时需要注意不要让地面景物完全暗掉，应该保留足够的细节
▲ 光圈f/8，快门速度1/250s，焦距123mm，感光度ISO400

9.2 质感

认识质感

　　质感是指视觉或触觉对不同物质（如固态、液态、气态）特质的感觉。不同的物质其表面的自然特质称天然质感，如空气、水、岩石、竹木等；经过人工处理的表现感觉称人工质感，如砖、陶瓷、玻璃、布匹、塑胶等。不同的质感给人以软硬、虚实、滑涩、韧脆、透明与浑浊等多种感觉。例如，在商品摄影作品中，以凹凸不平的细节纹理质感表现出商品的特性，激起顾客的购买欲望。

　　质感简单地说可以分为两个部分。第一个是主体材质上的质感。不同物质表面特有的细节特征可以让你更容易判断出它的材质，如金属、木材、皮肤、玻璃等；第二个是摄影者在创作时的处理手段。近拍可以让画质更加清晰；合理地利用光线，可以把主体上细微的纹理、独特的材质结构表达得更加鲜明而有特色，并给观者一个强烈的视觉感观，例如侧光或斜射光下拍摄能更好地体现主体表面纹理的明暗反差与对比。

←以低机位靠近前景将墙体表面的纹理质感表现出来，这样画面的内容就变得不单调了
◀光圈f/18，快门速度1/200s，焦距35mm，感光度ISO200，曝光补偿+0.7EV

↑靠近，或以长焦镜头拍摄人物的面部，除极具表现力的五官之外，皮肤的质感也是另外一个看点

▲ 光圈f/2.8，快门速度1/400s，焦距100mm，感光度ISO500，曝光补偿-2EV

光线与质感

　　侧光是一种强调光，最适合用来表现主体的立体感，因为侧光可以造就阴影，除了人物轮廓的浮凸之外，表面粗糙的木材、石材或金属也很适合，令它们表面投射出点点的阴影，强调了纹理的质感。在清晨或傍晚阳光低角度照射的时候就是获得侧光的时候，也可以利用建筑物上的窗户、树丛遮挡的空隙来获得间接的侧光。对于一些透明的物体，也可以利用侧光照射下的反光加强通透的质感。

　　除了主体之外，环境也是质感一个重要的部分。不同质感的环境可表达出不同的环境气氛，如户外、不同风格的室内环境、不同材质的环境等。能按照自己的意图，正确表达出环境的气氛能更有效地衬托出环境的气氛，从而带动照片的情调，这是摄影的另一要素。

→在正常情况下，微距摄影作品能否成功，主要就是取决于主体所表现出的质感效果
▶ 光圈f/5.6，快门速度1/125s，焦距400mm，感光度ISO200，曝光补偿-0.7EV

↑在侧光下，前景中的岩石、中景的水面，以及背景的林木都表现出了极强的质感。这种在整体环境上的质感，给人以非常美的视觉体验
▲ 光圈f/16，快门速度1/40s，焦距85mm，感光度ISO200，曝光补偿-0.3EV

9.3 透视

几何透视与影调透视

从宏观上进行定义，透视是指从观者的角度，在观察环境中的物体时，这些物体相互之间的位置远近关系。人眼看相同大小的物体，感觉远处的物体要小于近处的物体，这是人眼视觉规律的一种表现，即为透视。摄影中也是如此，全画幅以 50mm 焦距拍摄时，所拍摄的画面中，透视规律与人眼的视觉效果相似，因此透视规律在摄影中具有非常广泛的应用。例如，拍摄风光时，感觉是远处的山体在我们的眼中，还不如近处的一棵树大，在摄影作品中也是如此，这便是几何透视规律一个非常典型的表现。

↓原本大小一致的白色建筑物在广角镜头下表现出很强的几何透视效果，引导观者的视线向画面深处延伸，立体感强烈
▼ 光圈f/11，快门速度1/250s，焦距24mm，感光度ISO200，曝光补偿+1EV

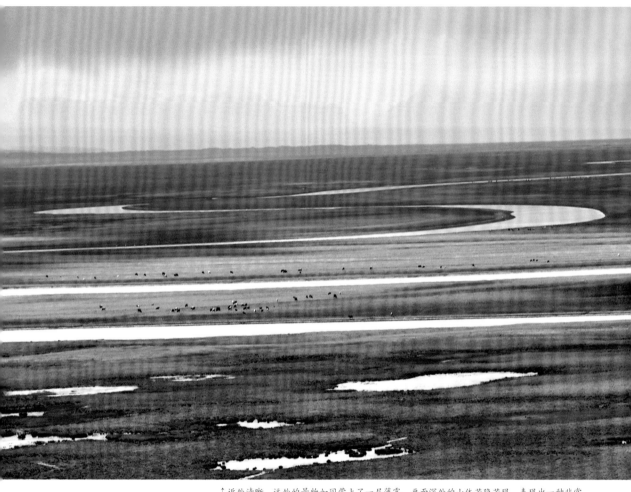

↑近处清晰，远处的景物如同蒙上了一层薄雾，画面深处的山体若隐若现，表现出一种非常悠远的意境，这是影调透视最让人喜爱的地方

▲ 光圈f/16，快门速度1/250s，焦距110mm，感光度ISO200，曝光补偿-0.3EV

　　同样，根据人眼的视觉体验可以知道，远处的景物在人眼中会显得比较模糊，并感觉像是蒙上了一层薄雾，而近处的景物则非常清楚，这也是透视规律的一种表现，可以称之为影调透视。这样看来，在摄影领域透视规律的具体体现有近大远小的几何透视，还有远处模糊近处清晰的影调透视。好的摄影作品往往这两种透视规律都非常明显，特别是在大场景的风光作品中，线条透视使画面的线条优美，空间感强，而影调透视则使画面变得深远，意境盎然。

强化透视感的技巧

在拍摄一些由近到远呈现规律性变化的景物时，适当提亮近景，压暗远景，那照片近大远小的几何透视会更为明显。

强化透视感的方法	弱化透视感的方法
缩短镜头的焦距	使用长焦镜头
靠近要拍摄的景物	原来拍摄景物，这样主体与背景的间距会被压缩
使用直射光拍摄	使用散射光拍摄
前景亮调，背景暗调	前景暗调，背景亮调
选择合理的对焦位置（如画面的前1/3处等）	使用偏振镜滤除天空中的尘埃，这样远处的景物也比较清晰

另外，镜头焦距的变化，也会影响相机所拍摄画面的透视：使用标准镜头 50mm 左右的焦距拍摄时，照片最接近于人眼的视觉规律；使用广角镜头拍摄时，透视规律要强于标准镜头，甚至比较夸张；长焦镜头会压缩远与近景之间的距离，画面往往不是很符合透视规律，但应该注意，并不是说不符合透视规律就不是好的摄影作品，因为长焦镜头往往能够将要表现的主体从周围杂乱的环境中分离、提取出来，在画面中以更为突出和直接的方式表现出来。

↓利用广角镜头拍摄，进一步拉大了近景的枯木与远景的山体之间的视觉距离，令画面更具深度

▼ 光圈f/8，快门速度1/180s，焦距12mm，感光度ISO200，曝光补偿-1EV

→利用长焦镜头拍摄，将远处的山体拉近，压缩了前景与背景之间的距离，令人感受到一种压迫性的视觉效果

▶ 光圈f/11，快门速度1/350s，焦距180mm，感光度ISO200

在两维影像中，线形透视大体上是最主要的透视效果，其特点是直线的汇聚。这些直线在大多数的场景里其实都是平行线，比如公路的两边、墙的顶边和底边，但是一旦它们远离照相机，看起来就会向一个或多个远方的点汇聚。如果它们在画面里延伸足够远，会真的在一点汇聚。如果相机是水平的，场景是风光，那么水平线将汇聚到地平线；如果相机向上指，像建筑边缘这样的垂直线将汇聚在天空中的某个点。不过在视觉上，多数人都很难接受这是一张正常的影像。

→同样宽的路面，因为透视的关系，从人眼或相机拍摄的角度看来，到画面深处形成汇聚

▶ 光圈f/5.6，快门速度1/800s，焦距28mm，感光度ISO200

▶ 光圈f/22，快门速度8s，焦距48mm，感光度ISO50

10 摄影美学：构图、用光、色彩

摄影是一门艺术，只有数码单反相机和熟练的操作技术远远不够，还必须掌握构图、光影及色彩等方面的美学知识作为基础，才能拍摄出完美的摄影作品。

10.1 构图决定一切

黄金分割构图法及其拓展

学习摄影构图，黄金分割构图法（以下称为黄金构图法则）是必须掌握的构图知识，因为黄金构图法则是摄影学中最为重要的构图法则，并且许多种其他构图法都是由黄金构图法则演变或是简化而来的，而黄金构图法则又是由黄金分割点演化来的。黄金分割据传是古希腊学者毕达哥拉斯发现的一条自然规律，即在一条直线上，将一个点置于黄金分割点上时给人的视觉感受最佳。详细的分割理论比较复杂，这里只对摄影构图中常用的实例进行讲解。

"黄金分割"公式可以从一个正方形来推导，将正方形的一条边分成二等份，取中点 x，以 x 为圆心，线段 xy 为半径画圆，其与底边延长线的交点为 z 点，这样可将正方形延伸并连接为一个矩形，由图中可知 A:C=B:A=5:8。在摄影学中，35mm 胶片幅面的比率正好非常接近这种 5:8 的比例（24:36=5:7.5），因此在摄影学中可以比较完美地利用黄金分割法构图。

通过上述推导可得到一个被认为很完美的矩形。在这一矩形中，连接该矩形左上角和右下角对角线，然后从右上角向 y 点做一线段交于对角线，这样就把矩形分成了三个不同的区域。按照这三个区域进行安排画面中各不同平面的方式，即为比较标准的黄金分割构图法。

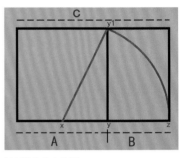

绘制经典黄金分割

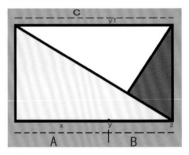

按黄金分割确定的3个区域

能够使景物获得准确、经典的黄金排列，这并非不容易的

▶ 光圈f/7.1，快门速度1/800s，焦距16mm，感光度ISO100，曝光补偿-0.7EV

　　在具体应用当中，以如此复杂的方式进行构图，太麻烦了，并且大多数景物的排列也不会如经典的黄金排列一样。其实，在黄金分割构图法的这个图形中，我们可以发现中间分割三个区域的点非常醒目，处于一个视觉的中心位置。如果主体位于这个点上，则很容易就会引人注目。在摄影学中，这个位置便被大家称为黄金构图点。

↑画面中的主体位于黄金构图点上，非常醒目

▲ 光圈f/8，快门速度1/30s，焦距11mm，感光度ISO200，曝光补偿-0.7EV

万能三分法

在拍摄一般的风光时，地平线通常是非常自然的分界线。常见的分割方法有两种：一种是地平线位于画面的上半部分，即天空与地面的比例是 1:2；另一种是地平线位于画面的下半部分，这样天空与地面比例就变成了 2:1。选择天空与地面的比例时，要先观察天空与地面上哪些景物最有表现力。在一般情况下，天气不是很好时天空会比较乏味，这时应该将天空放在上面的 1/3 处。使用三分法构图时，可以根据色彩、明暗等的不同，将画面自然地分为三个层次，这恰好适应了人的审美观念。过多的层次（超过三个层次，如四个及以上）会显得画面烦琐，也不符合人的视觉习惯，而过少的层次又会使画面显得单调。

↑地平线把画面分为三份，一些重要景物位于分界线上，这种三分法构图是非常简单、漂亮的构图形式

▲ 光圈f/22，快门速度8s，焦距48mm，感光度ISO50

对比构图好在哪

　　对比是把拍摄对象的各种形式要素间不同的形态、数量等进行对照，使其各自的特质更加明显、突出，从而对观者的视觉感受有更大的刺激，易于感官兴奋，制造醒目的效果。通俗地说，对比就是有效地运用异质、异形、异量等差异的对列。对比的形式是多种多样的，在实际拍摄当中，我们结合创作主题进行对比拍摄可以有非常精彩的体现。

1. 明暗对比法

　　摄影画面是由光影构成的，因此影调的明暗对比显得尤为重要。使用明暗对比构图法时，需要掌握正确的曝光条件进行曝光控制，通过表现主体与陪体、前景与背景的明暗度来强调主体的位置与重要性。使用明暗对比法时，画面中亮部区域与暗部区域的明暗对比反差较大，但又要保留部分暗部区域的细节，因此摄影者在对画面曝光时应慎重选择测光点的位置。

↑利用较暗的背景与明亮的主体进行对比，既强调了主体的位置，又通过明暗对比营造出了一种强烈的视觉效果

▲ 光圈f/2.8，快门速度1/50s，焦距24mm，感光度ISO1600

2. 远近对比法

　　远近对比法构图是指利用画面中主体与陪体、前景与背景之间的距离感，来强调、突出主体。在多数情况下，主体会处于离镜头较近的位置，而观者的视觉感受也是如此。由于需要突出距离感，同时主体又需要清晰地表现出来，因此拍摄时焦距与光圈的控制比较重要。焦距过长会造成景深较浅的情况发生，而光圈过大也是如此，并且在这两种状态下对焦时很容易跑焦。如果主体模糊，画面就会失去远近对比的意义。

↑画面中近处的风车较大，与远处较小的风车形成大小对比，既符合人眼的视觉规律，又增加了画面的故事性

▲ 光圈f/8，快门速度1/4000s，焦距70mm，感光度ISO400，曝光补偿−1EV

3.大小对比法

摄影画面中，体积大小不同的物体放在一起会产生对比效果。大小对比构图法是指在构图取景时特意选取大小不同的主体与陪体，形成对比关系。取景的关键是选择体积小于主体或视觉效果较弱的陪体。按照这一规律，长与短、高与低、宽与窄的对象都可以形成对比。

↑相同的主体对象，利用它们之间的大小对比可以使得画面更具观赏性
▲ 光圈f/9.5，快门速度1/125s，焦距24mm，感光度ISO200，曝光补偿−0.5EV

4.虚实对比法

人们习惯把照片的整个画面都拍得非常清晰，但是许多照片并不需要整个画面都清晰，而是让画面的主要部分清晰，让其余部分模糊。在摄影画面中，让模糊的部分衬托清晰的部分，清晰的部分会显得更加鲜明、更加突出。这就是虚实相间，以虚映实。

↓虚实对比的原理多用于虚化的背景及陪体等来突出主体的地位
▼ 光圈f/3.2，快门速度1/250s，焦距145mm，感光度ISO160

做减法的两种技巧

　　拍摄之前要对画面场景进行提炼、滤除、虚化掉一些杂乱的细节，以突出画面的某些重点景物，这样画面才会显得有艺术气息。这其实证明了"构图是减法的艺术"这一说法。构图时，通常要利用镜头效果、取景控制、光影及色彩特性，对画面元素进行取舍，滤除掉一些影响画面主体表现力的景物。比较常见的减法构图有两种形式。

　　阻挡减法： 在取景时先进行观察与分析，然后调整拍摄角度，恰好使主体或前景来阻挡背景中细节过多或比较杂乱的部分，这样可以使得画面简洁，从而达到突出主体的目的。使用阻挡减法构图最重要的因素不在于摄影器材，而在于摄影者对拍摄画面的观察力。

↑采用稍低的机位拍摄，这样可以让草地遮挡远景中较小的山体及房屋，让画面显得更简洁

▲ 光圈f/8，快门速度1/160s，焦距70mm，感光度ISO100，曝光补偿-0.3EV

　　景深减法： 这是构图中使用频率最高的构图形式，即便是摄影初学者也很容易掌握这种技巧。它是指通过调整长焦镜头的焦距、光圈大小、拍摄距离等因素来控制画面的景深，获得主体清晰、背景模糊的效果。景深减法构图的关键点在于背景的虚化效果，虚化程度越高，减法效果越明显。

↓采用长焦镜头靠近拍摄，这样可以虚化掉除对焦点之外的画面元素，让对焦点所在位置的主体更为突出
▼ 光圈f/3.2，快门速度1/320s，焦距200mm，感光度ISO100

常见的空间几何构图形式

前面我们介绍了大量的构图理论与规律，可以帮助读者进一步掌握构图原理，拍摄出漂亮的照片。除此之外，使景物的排列按照一些字母或其他结构来组织的几何构图也比较常见，如常见的对角线构图、三角形构图、S形构图等。这类构图形式符合人眼的视觉规律，并且能够额外地传达出一定的信息。例如，三角形构图的照片除了可以表现主体的形象之外，还可以表达出一种稳固、稳定的心理暗示。

↑对角线走向的线条让画面在富有动感的同时，又具有韵律美
▲ 光圈f/16，快门速度1/125s，焦距200mm，感光度ISO200

↓W形构图在拍摄山景时比较常见，它符合人的审美习惯，是比较讨巧的构图形式
▼ 光圈f/11，快门速度1/320s，焦距15mm，感光度ISO400

↑S形构图能够为风光照片带来一种深度上的变化，让画面显得悠远有意境，且还可以强化照片的立体感和空间感

▲ 光圈f/4.5，快门速度1/180s，焦距43mm，感光度ISO200

↑三角形构图的形式比较多，有用于形容主体和陪体关系的连点三角形构图，也有主体形状为三角形的直接三角形构图，并且三角形的上下位置也有不同。正三角形构图是一种稳定的构图，如同三角形的特性一样，象征着稳定、均衡；倒三角形构图正好相反，刻意传达出不稳定、不均衡的意境。具体是正三角形构图还是倒三角形构图，要根据现场拍摄场景的具体情况来确定。例如山峰的形状为正三角形，就是一种稳定的象征

▲ 光圈f/8，快门速度1/2000s，焦距52mm，感光度ISO100，曝光补偿-2EV

10.2 光影的魅力

直射光摄影分析

直射光是一种比较明显的光源，照射到拍摄对象上时会使其产生受光面和阴影部分，并且这两部分的明暗反差比较强烈。选择直射光进行摄影时，非常有利于表现景物的立体感，勾画景物的形状、轮廓、体积等，并且能够使画面产生明显的影调层次。一般白天晴朗的天气里，在自然光照明的条件下，大多数拍摄画面中都不是只有单一的直射光照明，总会有各种反射、折射、散射的混合光线影响到景物的照明，但由于太阳直射光线的效果最为明显，因此可以近似看为直射光照明。

严格地说，光线照射到拍摄对象上时，会形成三个区域。

（1）强光位置是指拍摄对象直接的受光部位，这部分一般只占拍摄对象表面极少的一部分。在强光位置，由于受到光线直接照射亮度非常高，因此在一般情况下肉眼可能无法很好地分辨物体表面的图像纹理及色彩表现，但是由于亮度极高，因此这部分可能是能够极大吸引观赏者注意力的部位。

（2）一般亮度位置是指介于强光位置和阴影位置之间的部位。在这部分，亮度正常，色彩和细节的表现也比较正常，可以让观者清晰地看到这些内容。这部分也是一张照片中呈现信息最多的部分。

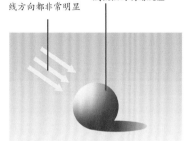

直射光的光源和光线方向都非常明显

直射光线照射到景物时，会在景物表面形成极强的明暗反差

硬调光多用来刻画物体的轮廓、图案、线条，或表现刚毅、热烈的情绪。

（3）阴影位置是指画面中背光的部分。在正常情况下，这部分的亮度可能并不低，但由于与强光位置在同一幅画面中，经过对比，显得比较暗。另外，数码单反相机也无法将阴影位置和强光位置都显示正常。阴影位置可以用于掩饰场景中影响构图的一些元素，使得画面整体显得简洁、流畅。

↓在直射光下拍摄风光题材的作品时，一切都变得更加简单，受光与阴影部分会形成自然的影调层次，使画面变得更具立体感

▼光圈f/4，快门速度1/500s，焦距11mm，感光度ISO80，曝光补偿−0.3EV

散射光摄影分析

↑ 在散光下拍摄风光画面，构图时一定要选择明暗差别大一些的景物，这样景物自身会形成一定的影调层次，从而画面会令人感到非常舒适

▲ 光圈f/9，快门速度1/45s，焦距17mm，感光度ISO200

除直射光之外，另一种大的分类就是散射光了，也叫漫射光、软光，是指没有明显光源，且光线没有特定方向的光线环境。散射光在拍摄对象上任何一个部位所产生的亮度和感觉几乎都是相同的，即使有差异也不会很大。这样拍摄对象的各个部分在所拍摄的照片中表现出来的色彩、材质、纹理等也几乎都是一样的。

在散射光下进行摄影，曝光的过程是非常容易控制的，因为在散射光下没有明显的高光亮部与弱光暗部，即没有明显的反差，所以拍摄比较容易，同时也很容易把拍摄对象的各个部分都表现出来，而且表现得非常完整。但也有一个问题，因为画面的各部分亮度比较均匀，不会有明暗反差的存在，画面影调层次欠佳，这会影响观者眼中的视觉效果，所以只能通过景物自身的明暗、色彩来表现画面层次。

↓ 散射光下拍摄人像，可以使画质细腻、柔和
▼ 光圈f/2，快门速度1/250s，焦距85mm，感光度ISO100

反射光摄影分析

在摄影领域，反射光是指光线并非由光源直接发出照射到景物上，而是利用道具先将光线进行一次反射，然后再照射到拍摄对象上。通常进行反射用的道具都不是纯粹的平面，而是经过特殊工艺处理过的反光板。这样可以使反射后的光线获得散射光的照射效果，也就是被柔化了。在通常情况下，反射光要弱于直射光，但强于自然的散射光，这样可以使拍摄对象获得的受光面比较柔和。反射光最常见于自然光线下的人像摄影，使主体人物背对光源，然后使用反光板对人物面部补光。另外，在拍摄一些商品或静物时也经常使用到反射光。

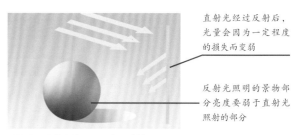

直射光经过反射后，光量会因为一定程度的损失而变弱

反射光照明的景物部分亮度要弱于直射光照射的部分

反射光照亮的部位要弱于光源直接照射的部位，这种光线经常用于人像摄影中对人物面部的补光

↑逆光拍摄，人物面部偏暗，可利用反射光确保人物面部明暗正常

▲ 光圈f/3.2，快门速度1/500s，焦距50mm，感光度ISO100

光线的方向性

顺光照片的特点

对于顺光来说，其摄影操作比较简单，也比较容易拍摄成功，因为光线顺着镜头的方向照向拍摄对象，拍摄对象的受光面会成为所拍摄照片的内容，其阴影部分一般会被遮挡住，这样阴影部分与受光面的亮度反差带来的拍摄难度就没有了。在这种情况下，拍摄的曝光过程就比较容易控制。顺光所拍摄的照片中，拍摄对象表面的色彩和纹理都会呈现出来，但是不够生动。此外，如果光照射强度很高，景物色彩和表面纹理还会损失细节。顺光拍摄适合摄影新手练习用光。另外，在拍摄记录照片及证件照时也使用较多。

顺光拍摄示意图

↑顺光拍摄时，虽然画面会缺乏影调层次，但能够保留更多的景物表面细节
▲ 光圈f/13，快门速度1/160s，焦距165mm，感光度ISO500

←因为顺光拍摄几乎没有阴影，所以很少会发生损失画面细节的情况，除非光照射强度很高
◀光圈f/8，快门速度1/60s，
焦距45mm，
感光度ISO100，
曝光补偿-0.3EV

侧光照片的特点

侧光是指来自拍摄主体左右两侧的光线。当光线与镜头朝向呈90°夹角时，称为正侧光，这时拍摄主体的投影落在侧面，拍摄主体的明暗影调各占一半，影子修长而富有表现力，表面结构十分明显，每一个细小的隆起处都会产生明显的影子。采用侧光拍摄，能比较突出地表现拍摄主体的立体感、表面质感和空间纵深感，可造成较强烈的造型效果。侧光在拍摄林木、雕像、建筑物表面、水纹、沙漠等各种表面结构粗糙的物体时，能够获得影调层次非常丰富的画面，空间效果强烈。

侧光拍摄示意图

←侧光非常有利于拍摄一些人物、雕像等拍摄主体，能够为拍摄主体增加一些特殊的气质
◀光圈f/3.2，快门速度1/250s，焦距48mm，感光度ISO160

斜射光照片的特点

斜射光又分为前侧斜射光（斜顺光）和后侧斜射光（斜逆光）。整体来看，斜射光是摄影中的主要用光，因为斜射光不单适合表现拍摄对象的轮廓，更能通过拍摄主体呈现出来的阴影部分增加画面的明暗层次，这可以使画面更具立体感。在斜射光条件下拍摄风光照片时，无论是拍摄大自然的花草树木，还是拍摄建筑物，由于拍摄对象的轮廓线之外会有阴影的存在，因此会给予观者以立体的感觉。

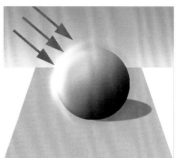

斜射光拍摄示意图

←斜射光拍摄时，能够很容易地勾勒出画面中的拍摄主体及其他景物的轮廓，增加画面的立体感

◀光圈f/9，快门速度1/160s，焦距14mm，感光度ISO100

↓拍摄风光、建筑等题材时，斜逆光是使用较多的光线
▼ 光圈f/4.5，快门速度1/100s，焦距75mm，感光度ISO100，曝光补偿-0.7EV

逆光照片的特点

　　逆光与顺光是完全相反的两类光线，是指光源位于拍摄对象的后方，照射方向正对相机镜头。逆光下的环境明暗反差与顺光完全相反，受光部位也就是亮部位于拍摄对象的后方，镜头无法拍摄到，而镜头所拍摄的画面是拍摄对象背光的阴影部分，亮度较低。应该注意，虽然镜头只能捕捉到拍摄对象的阴影部分，但是除主体之外的背景部分却因为光线的照射而成了亮部。这样造成的后果就是画面反差很大，因此在逆光下很难拍得主体和背景都曝光准确的照片。利用逆光的这种性质，可以拍摄剪影的效果，极具感召力和视觉冲击力。

逆光拍摄示意图

↓逆光拍摄人像，人物的发丝边缘会有发际光，给人以梦幻的美感
▼光圈f/5.6，快门速度1/200s，焦距240mm，感光度ISO400

↑ 强烈的逆光会让主体正面曝光不足而形成剪影。当然，所谓的剪影不一定是非常彻底的，主体可以如本画面这样有一定的细节显示出来，这样画面的细节和层次都会更加丰富、漂亮

▲ 光圈f/22，快门速度1/60s，焦距16mm，感光度ISO100

顶光照片的特点

　　顶光是指来自主体景物顶部的光线，与镜头朝向成 90°左右的角度。在晴朗天气里正午的太阳通常可以看作是最常见的顶光光源。另外，通过人工布光也可以获得顶光光源。在正常情况下，顶光不适合拍摄人像照片，因为拍摄时人物的头顶、前额、鼻头很亮，而下眼睑、颧骨下面、鼻子下面则完全处于阴影之中，这会造成一种反常、奇特的形态，所以一般都避免使用这种光线拍摄人物。

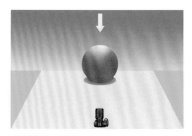

顶光拍摄示意图

←利用帽子遮挡强烈的顶光，避免了人物面部产生过强的反差。

◀光圈f/4，快门速度1/2000s，焦距175mm，感光度ISO100，曝光补偿-0.3EV

↓在一些较暗的场景中，如老式建筑、山谷、密林等场景，由于内部与外部的亮度反差很大，这样外部的光线在照射进来时，会形成非常漂亮的光束，并且光束的质感强烈

▼光圈f/7.1，快门速度1/200s，焦距44mm，感光度ISO320，曝光补偿+1EV

一天四时与适用的摄影题材

早晨的光线

　　自然界中，如果是晴朗天气，晨曦的光线色彩一般都比较浓郁，表现出或红色或橙色的色调，这也是摄影者非常喜爱的摄影时段。由于早晨地面和太阳之间的夹角很小，相对于摄影者来说，与太阳的距离较远，太阳光线必须通过很厚的大气层才能照射到摄影者所在的位置，因此波长较短的蓝色、绿色、黄色光线会被大气层阻挡，依次消失，这时只有波长较长的橘红色光线（光线一般由红色、橙色、黄色、绿色、青色、蓝色、紫色7种组成，波长由长到短排列）能够透过大气层照射到地面，因此早晨的光线色彩呈现出红色或橙色。

　　晨曦中，太阳升起的速度很快，可能在短短几分钟或是十几分钟之内，太阳光线的颜色就会有较大变化，所以在早晨拍摄光影作品时，应该掌握好拍摄的时机。同样地，色彩变化即对应了光线色温的变化。晨曦时浓郁红色的光线色温大概为2000K，在后面的不到1小时内，色温会变为3000 ~ 3500K，这样摄影者要拍出晨曦时的红色或橙色风光，就要及时变更相机的色温值。

↑在太阳刚升起之后的一段时间内，色温偏低，这样所拍摄的整个画面偏暖的色彩会非常浓郁
▲光圈f/18，快门速度1/13s，焦距50mm，感光度ISO100，曝光补偿+0.7EV

因为早上太阳离水平线较近，与拍摄对象之间的夹角很小，能够拉出很长的阴影，画面的光影效果极佳，立体感很强，所以晨曦时的摄影，采光以逆光与侧光为主。另外，白天蒸发的水分经过整个晚上的冷凝，会在地表形成很厚的水汽，有时还会形成如轻纱般的薄雾，增加了画面明暗影调层次。由于雾气的亮度较高，而画面阴影的亮度较低，因此明暗反差很大，要注意测光与曝光时的准确性。

↑太阳刚升起后，与地面的夹角往往比较小，这时拍摄，即便光比开始变大，画面中的景物也依然会有丰富的影调

▲光圈f/5，快门速度1/80s，焦距200mm，感光度ISO200

上午与下午的光线

与早晨变幻莫测的光影效果不同，上午的光线没有绚丽的红色或橙色效果，并且光源方向、质地、亮度等方面都非常稳定。在 8～10 点多这段时间内，摄影者都可以从容地进行取景、采光、曝光操作。

在上午拍摄风光等题材，有时会发现原本清澈、通透的场景在摄影作品中会有雾蒙蒙的感觉，这可能是因为时间相对来说较早，大气中含有较多的水汽颗粒，这些水汽能够反射和折射光线，最终影响拍摄效果。另外，环境中原本带有的灰尘颗粒也会反射光线，造成拍摄效果发白或是给人雾蒙蒙的感觉。针对这种现象，可以在相机镜头前加装一块偏振镜，将反射和折射的杂乱光线滤除，使最终拍摄的作品自然、通透，给观者以清新、爽朗的感觉。

对于下午的光线来说，除一般不会有大量的水汽之外，其余与上午的光线非常相似，特别是在 14 点以后。

→如果空气中湿气较重，在镜头前加装偏振镜可以让画面变得通透一些
▶光圈f/9，快门速度1/80s，焦距200mm，感光度ISO200

↓上午或下午拍摄，应在太阳与地面夹角不太大的时候拍摄，这样可以让画面有丰富的影调层次，且不会因为光线过强而损失太多的暗部阴影细节
▼光圈f/22，快门速度1/200s，焦距16mm，感光度ISO100

中午的光线

晴朗天气里中午的光线一般非常强烈，摄影者在拍摄时多会避开这一时段，但并不是说在中午的光线下就不能出好片，关键还在于摄影者如何把握正午光线的特性及选择题材。在 11 ～ 13 点，太阳的光线从上而下近乎垂直照射主体，具有顶光的特性。这样在晴天的正午，影像会缺乏层次、缺乏主体感，也缺乏明显的深度感和视觉上的魅力，使影子变得很短且非常暗，但从另一方面看，这一时段光线的表现力非常强烈，主体边缘将高光与阴影划分得十分明显，比较适合拍摄一些纪实题材的作品。

↑与一般直立的景物不同，本画面在顶光下拍摄横向的景物，可以确保拉出长长的影子，同时，中午硬朗的光线对画面的造型和氛围的营造都起到了很好的作用

▲ 光圈f/8，快门速度1/125s，焦距31mm，感光度ISO100

↑光线很强时，可以在一定程度上起到清洁画面的作用，所拍摄的照片会给人一种非常干净的感觉，并且画面色彩浓郁

▲ 光圈f/9，快门速度1/500s，焦距33mm，感光度ISO100

　　正午强烈的光线从色温的角度来看，为5200～5800K。相机采用日光白平衡模式的色温有些偏低，拍摄出的作品往往会有泛蓝的感觉，但由于强烈的光影效果会使整个景物损失部分细节，因此正午拍摄的作品又会显得画面非常鲜明、干净。

黄昏的光线

　　黄昏时刻的摄影时间会因为季节的不同而有所区别。冬季的黄昏时刻较早，而夏季的较晚，并且黄昏时刻太阳最具有表现力的时间很短，所以要拍摄黄昏时的美景，就要掌握好时间。从总体来看，黄昏时的光线特性近似于晨曦时间段，与地平线的夹角很小，要经过厚厚的云层才能到达地表，所以光波较短的青色、蓝色、紫色等光线被云层和尘埃阻挡，只有红色、橙色等光线照射过来，从而使整个拍摄环境都变为了暖暖的红色、橙色、黄色调，非常具有感召力。

←太阳将近落山时，现场的色彩会是浓浓的暖色调
◀光圈f/6.3，
快门速度1/60s，
焦距50mm，
感光度ISO200

←太阳落入地平线以下时，色温变化非常快，现场的光线色彩也会变得非常奇特、旖旎
◀光圈f/5.7，
快门速度1/25s，
焦距36mm，
感光度ISO200

夜晚的光线

刚入夜时，光影效果可以说是自然光与人造光的组合。抓住这时的光线特点进行拍摄，可以营造出非常美妙、动人的效果。此时，太阳已经完全落山，并且霞云也已经不见。在天色要暗但未全暗时拍摄，具有比较理想的景物、环境、天空的光比。此刻只要掌握好了构图平衡与曝光时间，就能够拍摄出非常有特色的作品。

入夜以后，太阳光线几乎完全不见，都市中的霓虹灯开始亮了起来，街边的路灯、装饰灯、居民家中的照明灯，以及路上的车灯，这些光源具有不同的颜色、形状与亮度，将夜色装扮得五彩缤纷，非常绚丽。不同种类的光源会有不同的色温与色彩，并且因为光照不均匀，除灯光的照射范围之外，环境中还会有大片的较暗区域，这些都会对摄影者的拍摄过程造成影响。只有设定合适的色温，还有正确的曝光过程，才能拍摄出完美的作品。

↑夜晚城市霓虹灯的人工光源与天空的自然光线混合，所营造出的画面色调是非常漂亮的
▲ 光圈f/5.6，快门速度1/5s，焦距40mm，感光度ISO640

10.3 摄影配色

人们不仅发现、观察、创造、欣赏着绚丽缤纷的色彩世界，还通过日久天长的时代变迁不断深化着对色彩的认识和运用。摄影学中，色彩的运用是一门重要的学问。利用色彩，可以传达不同的画面情感。自然界中任何色彩的产生都离不开太阳光线红色、橙色、黄色、绿色、青色、蓝色、紫色这7种光谱色彩的混合叠加。在我们日常的应用中，这7种光谱色中抽象出3种基准颜色，为红色、绿色、蓝色3种颜色。7种光谱色所能混合叠加出的颜色，使用红色、绿色、蓝色3种基准颜色也能叠加出来。

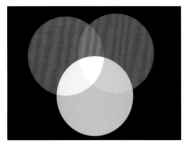

在Photoshop中可以进行三原色叠加的实验，本图即为在Photoshop中绘制

人们把红色(Red)、绿色(Green)、蓝色(Blue)这3种色光称之为"三原色光"，分别简称为R、G、B。R、G、B色彩体系就是以这3种颜色为基本色的一种体系。目前这种体系普遍应用于数码影像中，如电视、计算机屏幕、数码相机、扫描仪等。R、G、B3色各自的取值范围分别为0～255，3种不同数值的颜色叠加会产生不同的色彩，而当相同数值的R、G、B叠加时，复合色则会变成白色。摄影学中，通常使用的就是R、G、B三原色体系。

↓色彩与色彩之间是存在一定联系的，红色、橙色、黄色、绿色、青色、蓝色、紫色各色系之间是逐渐渐变的
▼ 光圈f/2.8，快门速度1/250s，焦距105mm，感光度ISO1250，曝光补偿+0.7EV

色彩三要素——色相、饱和度和明度

自然界的色彩虽然各不相同，但任何色彩都具有色相、饱和度、明度这 3 个基本属性。为了方便学习色彩相关知识，人们将色彩整合在色相环中。

色相：色相是指色彩的相貌，即各种颜色之间的区别。它是色彩最显著的特征，是不同波长的色光被感觉的结果。光谱中有红色、橙色、黄色、绿色、蓝色、紫色 6 种基本色光，人的眼睛可以分辨出约 180 种不同色相的颜色。

饱和度：饱和度是指色彩的鲜艳程度，也称色彩的纯度。饱和度取决于该色中含色成分和消色成分(灰色)的比例。含色成分越大，饱和度越大；消色成分越大，饱和度越小。

明度：明度是指色彩的深浅、明暗，它取决于反射光的强度，任何色彩都存在明暗变化。其中，黄色明度最高，紫色明度最低，绿色、红色、蓝色、橙色的明度相近，为中间明度。另外，在同一色相的明度中还存在深浅的变化，如绿色中由浅到深有粉绿色、淡绿色、翠绿色等明度变化。

色相环

↑ 看画面中的红色花瓣部分，明度较低的位置以及明度较高的位置色彩感都比较弱，只有明度适中的部分红色最为浓郁

▲ 光圈f/4，快门速度1/640s，焦距18mm，感光度ISO200，曝光补偿-0.7EV

大片冷色调对应小片暖色调

冷暖色轮右半部分的颜色一般称为暖色调；左半部分称为冷色调。色彩的冷暖感觉是人们在长期的生活实践中由于联想而形成的。

暖色：人们见到红色、红橙色、橙色、黄橙色、红紫色等色后，马上会联想到太阳、火焰、热血等物像，产生温暖、热烈、危险等感觉。

冷色：人们见到蓝色、蓝紫色、蓝绿色等色后，很容易联想到太空、冰雪、海洋等物像，产生寒冷、理智、平静等感觉。

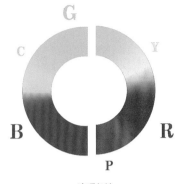

冷暖色轮

↑ 用大片的冷色调来衬托暖色调，反而给人一种温馨的感觉

▲ 光圈f/7.1，快门速度1/400s，焦距35mm，感光度ISO200，曝光补偿-0.7EV

颜色互补带来的强烈冲击力

　　如果两种颜色用恰当的比例混合以后就产生白色的感觉，那么这两种颜色就被称为互补色，或者说是从色轮上来看处于正对位置的两种颜色，即通过圆心的直径两端的颜色。拍摄照片时采用互补色组合会给观者以非常强烈的情感，视觉冲击力很强，色彩区别明显、清晰。

↑蓝色与黄色、青色与红色均两两互补，这种色彩的互补很容易营造出强烈的视觉效果。在我国西北地区，这种跳跃性配色是很常见的，即使是非常简单的画面或图案也能拍摄出不一样的感觉

▲ 光圈f/3.2，快门速度1/1000s，焦距105mm，感光度ISO100，曝光补偿-0.7EV

协调、舒缓的协调色

按照光谱中的顺序，相邻的颜色就是相邻色，比如红色和橙色，橙色和黄色，黄色和绿色，蓝色和紫色。我们在拍摄时把这些相邻的颜色搭配在一起，会给人和谐、安稳的感觉。需要注意的是，在搭配相邻色时我们要注意照片的层次。为此，可利用环境来制造层次。

→以黄色系与绿色系的相邻配色构成画面，给画面赋予非常和谐、稳定的感觉，有时这两种色彩很难界定和分辨，这足以证明它们的协调性和相邻性

▶ 光圈f/2.8，快门速度1/350s，焦距200mm，感光度ISO100，曝光补偿-0.3EV

不同色系照片画面的特点

红色代表着吉祥、喜气、热烈、奔放、激情。早、晚两个时间段拍摄的照片，整体风格偏红色、橙色等色彩，给人以非常温暖的感觉，显得热烈、奔放、生动，从而具有很强的吸引力。

▼ 光圈f/4，快门速度1/40s，焦距165mm，感光度ISO500

　　橙色是介于红色与黄色之间的混合色，又被称为橘黄色或橘色。一天中早晚的环境是橙色、红色与黄色的混合色彩，通常能够传递出温暖、活力的感觉。橙色代表的典型意义有明亮、华丽、健康、活力、欢乐，以及极度危险，并且橙色的视觉穿透力仅次于红色，也属于非常醒目的颜色，因此橙色更侧重于是一种心理色彩。

　　因为与黄色相近，所以橙色经常会让人联想到金色的秋天，是一种富足、快乐而幸福的颜色。

▼ 光圈f/22，快门速度1/5s，焦距17mm，感光度ISO100，曝光补偿+1EV

黄色的光谱波长适中，是所有色彩中比较中性的一种混合色。这种色彩的明度非常高，可以给人轻快、透明、辉煌的感觉。因为黄色的亮度也较高，甚至可以说是过于明亮，所以经常会使人感觉到不稳定、不准确或是容易发生偏差。从摄影领域来看，各种花卉是黄色比较集中的题材，如迎春花、郁金香、菊花、油菜花等都是非常典型的黄色花卉，这些花卉可以给人一种轻松、明快、高贵的感觉。

▲ 光圈f/9，快门速度1/200s，焦距105mm，感光度ISO400

　　自然界中明度稍低的黄色还有土地色与秋季的季节色两种。地表的黄土本身就呈现出暗黄色的色彩，给人的感觉往往不够好。秋季的黄色则是收获的象征，果实的黄色、麦田与稻田的黄色，都会给人一种富足与幸福的感觉。

绿色是色彩的三原色之一，是自然界中最为常见的颜色。它通常象征着生机、朝气、生命力、希望、和平等精神。饱和度较高的绿色是一种非常美丽、优雅的颜色，它生机勃勃，象征着生命。

▲ 光圈f/9，快门速度1/60s，焦距90mm，感光度ISO100

　　蓝色也是三原色之一，是一种非常大气、平静、稳重、理智、博大的色彩，最为常见的莫过于蓝天与海洋这种辽阔、大气，或深沉、理智的蔚蓝色。纯净的蓝色表现出一种美丽、文静、理智与准确。之所以说蓝色比较理智，是因为它是一种最冷的色调，不带有任何情绪色彩。在商业设计中，为强调科技和智能化，许多企业都选用蓝色作为标志的色彩。

▼ 光圈f/6.3，快门速度58.8s（多张堆栈），焦距16mm，感光度ISO2000

青色是一种过渡色，介于绿色和蓝色之间。这种色彩的亮度很高，拍摄蓝色天空时，稍稍的过曝就会呈现出青色。其他场景中的青色并不多见，在我国新疆维吾尔自治区、西藏自治区等地区，一些雪山融水河都呈现出比较明显的青色。

▲ 光圈f/8，快门速度1/1600s，焦距70mm，感光度ISO400，曝光补偿−0.7EV

紫色通常是高贵、美丽、浪漫、神秘、孤独、忧郁的象征。自然界中的紫色多见于一些特定花卉、早晚的天空等，表现得既美丽又神秘，给观者留下非常深刻的印象。另外，人像摄影中，我们可能会布置紫色的环境，或是让人物身着紫色的衣物等。

一个暗的纯紫色只要加入少量的白色，就会成为一种十分优美、柔和的色彩。在紫色中加入白色，可产生出许多层次的淡紫色，而每一个层次的淡紫色，都显得非常柔美、动人。

▲ 光圈f/11，快门速度1/60s，焦距16mm，感光度ISO100

白色是非常典型的一种混合色，三原色的叠加效果是白色，自然界的7种光谱经过混合叠加也能变为无色或白色。白色系能够表达人类多种不同的情感，如平等、平和、纯净、明亮、朴素、平淡、寒冷、冷酷等。在摄影学中，白色的使用比较敏感，多应与其他色调搭配使用，并且能够搭配的色调非常多，例如黑白搭配能够给人以非常强烈的视觉冲击力，而蓝白搭配则会传达出平和、宁静的情感……拍摄白色的对象时，要特别注意整体画面的曝光控制，因为白色部分区域很容易会由于曝光过度而损失其表面的纹理感觉。

▲ 光圈f/4.5，快门速度1/2000s，焦距38mm，感光度ISO100，曝光补偿−0.3EV

▶ 光圈f/22，快门速度3.2s，焦距38mm，感光度ISO50

11 风光摄影技巧

风光摄影是以展现自然风光之美为主要创作题材的一个门类，是广受人们喜爱的题材，能够让拍摄和欣赏的人都获得非常美妙的感受。

11.1 拍摄风光的通用技巧

小光圈或广角拍摄有较深的景深

拍摄风光画面，首先要注意的事情是以较深的景深容纳较多的景物，以呈现出自然界的美感。拍摄时，应该尽可能让整个场景都处于对焦范围内，选用较小的光圈。光圈越小，你所获得照片的景深就会越深。影响景深的因素还有就是所选用镜头的焦距。我们在进行风光照片的拍摄时可使用大广角进行创作，来传达画面的纵深感。

拍摄风光照片一个基本的要求就是画面必须有足够深的景深，能够将远近的景物都清晰地表现出来。

光圈f/9，快门速度1/40s，焦距24mm，感光度ISO100，曝光补偿-0.7EV

在拍摄风光时，为获得较深的景深，让远近的景物都清晰地显示出来，就需要掌握"光圈、焦距和物距的景深三要素"。

←例如本画面，光圈较大、焦距为80mm也比较长，但景深仍然较深，远近都清晰。这是因为拍摄的物距较大

◀光圈f/4，快门速度1/320s，焦距80mm，感光度ISO100，曝光补偿-0.3EV

让地平线更平的拍摄技巧

　　风光画面中往往会有天地相融的美景，地平线是分割画面的重要界限，因此地平线的位置非常重要。在通常情况下，地平线出现倾斜，照片会给人一种非常难受的感觉，并且最严重的是往往一斜俱斜，在后期浏览时你会发现某次外出采风的照片基本上全是倾斜的。这是因为人的身体动作不规范、取景时又没有注意而导致的。拍摄风光画面时，让地平线平一些，可以使得照片画面符合视觉及美学方面的要求，获得和谐、平衡的美感。

地平线发生倾斜，画面就会失去平衡，并会给人一种特别不严谨、不专业的感觉

↑地平线比较平整，画面就会比较协调，并给人一种特别严谨、专业的感觉
▲ 光圈f/11，快门速度1/80s，焦距27mm，感光度ISO100，曝光补偿-1.7EV

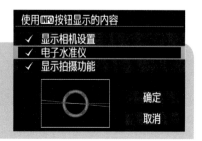

小提示　　有一个非常简单的办法可以让摄影者拍摄出更为平整的地平线：取景时观察取景框左上和右上两个角到地平线的距离是否一致。另外，也可以利用相机内的电子水准仪来取水平，不过应该注意，使用电子水准仪时要在液晶监视器上观察，相对会麻烦一些。

利用线条引导视线，增加画面的空间感

当你拍摄风光照的时候，一个应该问自己的问题是——怎样做才能让自己的照片引人注目？其实有很多种方法，例如寻找较好的前景是一种比较普遍的方法，但另外一种更好的方法是运用线条的力量将观者的注意力带入到你所拍摄的画面中。线条可以引导观者的视线，让画面看起来非常自然，并且线条还可以让画面充满立体感及韵律感。

↑作为主体的长城其自身的线条即可引导观者的视线延伸到画面深处
▲ 光圈f/11，快门速度1/500s，焦距16mm，感光度ISO320

↑河岸是摄影中较为常见的一种构图线条
▲ 光圈f/4，快门速度1/400s，焦距17mm，感光度ISO100

拍摄风光类题材时，线条是非常重要的一种构图元素：摄影者在拍摄之前就应该寻找画面中具有较强表现力的线条，用以引导观者的视线，或是增加画面的深度，让风光变得更悠远一些。常见的线条很多，包括公路、小道、山脊、水岸等都可以作为画面构成的重要骨架。

注意！要利用线条来优化构图，就一定要注意两个问题：线条的方向要单一化，如果有很多线条，那么这些线条都要朝着一个方向延伸；线条最好要完整一些，不完整的线条既起不到导向作用，又会让人感觉虎头蛇尾，画面不完整。

加装滤镜让色彩更浓郁/让空气更通透

拍摄风光，最佳时间应该是在晨曦中或夕阳西下这两个时间段。在这两个时间段内，拍摄的照片往往呈现出偏红色、橙色、黄色等暖色调，并且色彩非常浓郁，容易打动观者。应该注意，在晨曦中拍摄，太阳升起，带动地面环境迅速升温，这样空气中会有大量蒸腾的水蒸气，水汽反射光线会让拍摄的画面变得泛白，因此需要在镜头前加装偏振镜，滤除这些杂乱的反射光线，这样画面会更加通透、自然，色彩会更加浓郁、艳丽。

不使用偏振镜直接拍摄水汽较重的场景，因为空气中的水汽发生散射和折射，拍摄出的画面会有些泛白

↑加装偏振镜能够滤除杂乱的光线，让画面变得更加通透，并且画面的饱和度也会高一些
▲ 光圈f/7.1，快门速度1/160s，焦距200mm，感光度ISO160

在自然界中寻找合适的视觉中心（主体）

　　风光摄影所涉及的题材非常多，如林木、水景、山景等，并且不同题材的景别也是千变万化，摄影者不能看到美景就忘乎所以、不假思索地按下快门。在拍摄之前一定要仔细观察，寻找视野内具有较强表现力的景物进行强调，即在画面中选择你所需要的视觉中心。视觉中心是画面最吸引人的地方，也是画面最精彩的地方。它起着把画面其他部分贯穿起来，构成一个艺术整体的作用。视觉中心可以是人，可以是物，可以是线、点，还可以是色彩，比如建筑物、树枝、一块石头或者岩层、一个轮廓等。

↑拍摄美丽的草原时，寻找到场景中的一匹马作为主体，画面就变得更有内容了

▲ 光圈f/7.1，快门速度1/200s，焦距200mm，感光度ISO100

　　摄影初学者在面对风光题材时可能会有一个误区，就是没有去寻找主体的意识，看到优美的风光就满怀激情地拍摄，而没有进行理智的思考，所以无法把看到的美景拍摄出来，传递给观者。看刚才的图片，如果没有一匹马作为主体，画面就会变得枯燥很多，而观者也会没有合适的视线落脚点。

←没有了作为主体的马，画面就没有意思，变得非常枯燥了

慢速快门的使用让画面与众不同

　　风光画面中往往有人物或其他动态物在其中活动，这能够增加画面的活力。此外，风光画面中的动态物能充实景物的内容，也可为景物增加透视的比例感，例如沙滩上的海浪、小溪中的流水、移动中的云层、公路上的汽车。

　　捕捉到这些动态物，一般意味着你需要使用慢速快门，甚至有时需要几秒。当然，这也意味着更多的光线会到感应器上，而你则需要使用小光圈＋低ISO感光度的曝光组合，甚至在黎明或者黄昏这种光线较弱的时候拍摄。

↑利用一般常见的拍摄手法拍摄
▲ 光圈f/3.5，快门速度1/20s，焦距28mm，感光度ISO4000

↑采用慢速快门速度的拍摄手法，画面会更有感染力，表现力更强
▲ 光圈f/22，快门速度8s，焦距29mm，感光度ISO200，曝光补偿−1.3EV

小提示　　拍摄风光题材，面对水景或其他一些包含运动景物的画面时，慢速快门是一种比较个性，新颖的选择，那么这就要求摄影者在外出采风时，即使白天拍摄，也不要忘记携带三脚架、快门线等附件，因为这些附件更有助于你拍摄出与众不同的照片。
光线较好的环境中要拍摄出慢速快门效果，对相机的设定如下：三脚架＋快门线以提高稳定性，降低ISO感光度设定，缩小光圈（f/8～f/22）。

善于抓住天气状态的变化

　　一个阳光灿烂的好天气是最适合外出拍摄的，特别是在早晚光线色温变暖时，拍摄出的风光画面尤为漂亮。其实，风雨欲来的天气也提供了比较特殊的场景，让摄影者表现情绪和情感。摄影者应该尝试寻找各种适合表现主题的天气来拍摄，比如雨天拍摄水中的倒影，或以玻璃上的水珠作为前景都可以孕育出特定的情感；在大雾天气，可以利用雾天的特色创作出梦幻感的照片；在大雪的时候，也可以拿起相机出门走走，你会拍摄下许多美好的影像。要学会利用这些多变的天气状态，而不是仅仅等着一个蓝天白云的好天气。

→雨后初晴的清晨，云海是非常理想的拍摄题材，很有气势
▶ 光圈f/7.1，
快门速度1/1250s，
焦距100mm，
感光度ISO400

利用点测光拍摄别致的小景

　　即使在直射光下，你也可能会发现拍出的照片中明暗反差较小，影调层次极不明显。这是因为采用评价测光模式会对整个画面进行平均测光，这种测光模式造成了亮部的压暗和暗部的提亮。针对这种场景，应该采用点测光模式进行拍摄。测光点应选择在画面中较亮的点，并以此为曝光基准，这样就会压低阴影部分的亮度，形成画面更大的明暗反差，给人以更强的视觉体验。

↑采用点测光模式测受太阳照射的前方重点部位（也就是主体岩石），这样可拍摄出明暗对比强烈的照片
▲ 光圈f/5，快门速度1/160s，焦距24mm，感光度ISO100，曝光补偿-0.7EV

11.2 拍摄不同的风光题材

突出季节性的风光画面

在我国北方，春夏秋冬四季分明。拍摄风光题材时，季节性是非常重要的照片构成信息，在照片中一定要通过色彩把季节性表现出来。春季的枝叶会是嫩绿色，并有大片大片的繁花，色彩比较绚烂；夏季是各种绿色的海洋，深浅不一，比较繁盛；秋季的植物以红黄色为主；冬季比较萧瑟，色彩感较弱，但如果能有雪景，画面会比较漂亮。

↑秋季摄影，植物最终会变为红黄色等色，从而营造出一种偏暖的画面风格
▲ 光圈f/16，快门速度1/500s，焦距300mm，感光度ISO250，曝光补偿+0.3EV

↑雪景是冬季最具有表现力的景物
▲ 光圈f/9，快门速度1/60s，焦距55mm，感光度ISO100，曝光补偿+1EV

曝光：雪地是比较特殊的拍摄环境，利用常规的曝光方式很难获得曝光非常准确的画面。在学习过测光与曝光的知识后我们知道，对一般的环境，使用评价测光后曝光，一般就都能获得比较准确的曝光值，但是雪地环境的反射率肯定是高于18% 反射率的，有时候甚至达到90%。此时，若直接采用评价测光模式，曝光值一般会出现曝光不足的情况，拍出的雪地会发灰不够白，这样就需要提高一定的曝光补偿量。在通常情况下，根据现场的反射率，可以提高 0.5 ~ 1.5 挡的曝光补偿，来做到准确曝光，还原场景的真实明暗程度。

↑拍摄雪景时，如果以评价测光模式进行测光，那么"白加"是必不可少的
▲ 光圈f/18，快门速度1/160s，焦距19mm，感光度ISO200，曝光补偿+1EV

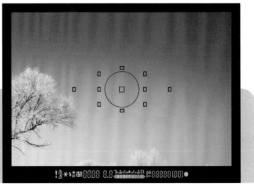

小提示　拍摄雪景时，除采用评价测光 + 白加黑减的曝光策略（在通常情况下的曝光补偿为 0.5 ~ 1.5EV 挡）之外，还可以采用点测光模式进行拍摄。只要寻找画面中反射率接近 18% 的景物进行点测光即可。

对反射率接近18%的天空进行点测光

雪景的构图

　　雪是原白的色彩，并且一般占据画面较大的空间。如果雪景构图不好，会造成画面出现大片刺眼的白，给人感觉不舒服，因此，在拍摄雪景时，应该考虑在画面中加入色彩和光影等特殊的构图元素。深色调的点、线、面对象能够调和画面的元素。深浅搭配使得画面和谐，又显得整体比较纯洁。

↑利用深色景物进行构图，可以丰富画面的影调层次
▲ 光圈f/5，快门速度1/250s，焦距200mm，感光度ISO100，曝光补偿+1EV

雪的质感

　　近拍雪景时，使用长焦镜头将雪拉近，可以在拍摄的作品中反映出雪的构成等微观感觉，非常有质感，并且特色鲜明。

↑利用侧光在雪表面的颗粒上拉出阴影，可以强化积雪的质感
▲ 光圈f/20，快门速度1/250s，焦距165mm，感光度ISO250

拍摄森林时一定要抓住兴趣中心

　　与拍摄其他主题一样，拍摄森林时需要找出兴趣点，它可能是形状怪异的树干、一条蜿蜒的小径等。不管是什么构图方法都要能引导观者入画。在拍摄森林的过程中，如果画面过于完整就会削弱森林的临场感和力量感。另外，摄影者还可以通过单独表现扎根于深土内部的树根或者是苍老的树皮等某些局部，让人对整棵大树或者是整片的森林加以联想。

↑拍摄大面积林木时，可以寻找与众不同的一棵作为兴趣中心进行强调，让画面出现明显的主体
▲ 光圈f/11，快门速度1/100s，焦距98mm，感光度ISO200

　　如果拍摄现场没有特别明显的、区别于其他树木的单独树木，也没有表现力较强的枝干、林间小路等景物，那么你可以在森林周围寻找一些人物、动物、飞鸟，以及比较浓郁的色彩等作为主体进行强调。

←在画面中出现人物时，一般要将人物作为视觉中心
◀ 光圈f/11，快门速度1/100s，焦距135mm，感光度ISO200

森林中的小景

　　在枝繁叶茂的森林中，有一种比较主流的拍摄方式，即单独拍摄某些局部小景，往往能够营造引人入胜的效果。拍摄时，单独截取树木枝叶的某一部分进行表现，借助于茂密的森林背景交代拍摄的环境，使人不但能够欣赏到别具一格的小景，而且思绪还能随着画面背景的延伸展开想象。

↑利用白桦林树干根部的光影小景来营造一种优美的意境
▲ 光圈f/22，快门速度1/30s，焦距50mm，感光度ISO200，曝光补偿-0.3EV

小提示　　这种林间小景的主体必须有较好的光影、色彩或形状，才能吸引观者的注意力，因此使用这种方式表现森林时，一定要精心挑选主体景物，而背景只要能够传达出拍摄环境即可，不能过于杂乱无序，也不能过于清晰而分散观者的注意力。

→利用长焦距+大光圈的组合虚化背景以突出秋叶的形态
▶光圈f/2.8，快门速度1/40s，焦距100mm，感光度ISO400，曝光补偿+0.3EV

如果使用长焦镜头或者微距镜头选择几片树叶进行拍摄，可以显示出叶片表面的纹理，非常细腻、清晰，从而表现出一种造物的神奇。拍摄树叶的纹理时，一般先为树叶选择一个较暗的背景，然后采用点测光模式对叶片的高光位置进行测光，这样在画面中会形成背景曝光不足但主体曝光正常的高反差效果，使主体非常醒目、突出。如果背景也比较明亮，就需要使用大光圈将背景中的杂乱叶片虚化掉，以突出主体。

→寻找简单的背景，并且利用虚实对比的手法，营造出秋日特有的画面氛围

▶光圈f/5，快门速度1/800s，焦距55mm，感光度ISO100，曝光补偿-0.7EV

采用点测光模式是为使主体部分曝光准确，这样才能够清晰地表现出主体表面的纹理和脉络。

一定要开大光圈，对背景进行虚化，这样才能让作为主体的枝叶从背景中分离出来，得到突出。

能够寻找到较暗的背景是最好的，因为可以让背景在虚化的基础上完全暗掉，来进一步突出主体。

→无法分离出数片叶子时，也可以考虑选取大片形态相似，明暗相近的枝叶作为主体表现

▶光圈f/2.8，快门速度1/1600s，焦距168mm，感光度ISO100，曝光补偿-0.7EV

拍摄草原的优美风光

　　草原一般比较辽阔，牛、羊满山坡，牧草丰盛，蓝天、白云……从风光的角度来讲，任何摄影者拍摄草原的角度大同小异。所不同的是拍摄时所处的时间和天气不同，以及拍摄手法的差异。在晴朗天气里的草原拍摄，入目皆是美景，但不能随意拍摄，普通的蓝天与草地照片并没有太好的视觉效果，随意拍摄很难拍摄出能够打动人的好照片。

　　在正常情况下，在草原拍摄时，看到好景致只是第一步，还要寻找到好的主体。在通常情况下是牛、羊、马等牲畜，也可能是飞过的雄鹰。这些主体搭配地面的牧草以及蓝天、白云，那画面就非常漂亮了。

↑ 在草原拍摄，以牛、羊等动物作为主体是最好的构图方式
▲ 光圈f/7.1，快门速度1/100s，焦距95mm，感光度ISO100

　　要想让拍摄的草原风光画面更漂亮，有几条铁律是必须遵守的。

- 构图要完整。如果照片边缘处裁剪到了牛或马的身体，那么基本上就确定了照片会失败。
- 拍摄草原上的牧牛、羊或马时，一定要从斜正面、侧面拍摄。从后面就会拍到这些牲畜的屁股，画面不会好看。
- 拍摄时动作幅度一定要小，也不要大呼小叫，这样会惊吓到牲畜，也会影响你拍出好片的概率。

▲ 牛屁股在前，难看

▲ 牛头在前，画面变得好看

↑ 观察这两张照片可以很明显地发现问题，牛屁股在前的画面会给人别扭的感觉，而牛头在前的画面就好很多

海景的构图与色彩

我们在拍摄海景的时候，画面中所包含元素的多少、构图形式的变化、色彩的合理搭配，都是能否拍摄出完美海景照片的关键因素。大海极远处的天际线是非常典型的水平线条，对着海洋拍摄一般无法避开，因此可以利用这种线条的特点，使用水平线、三分法等形式进行构图，将天际线置于画面顶部的1/3处，既能使海面景观占据画面的大部分区域，又可以搭配一定比例的蓝天、白云，丰富构图元素，给观者以和谐、平整、稳定的感觉。

↑在本画面这种天空表现力较弱的场景中，可以在画面顶部1/3的比例基础上，进一步压缩天空的比例，以突显海面和海边的景别

▲ 光圈f/10，快门速度1/200s，焦距70mm，感光度ISO100，曝光补偿-0.3EV

海洋是非常纯粹的蓝色，与天空颜色相同，这样就容易造成色彩层次模糊、不明显的感觉，因此摄影者应捕捉一些与蓝色有较大差异的构图元素进行画面调节，比如划过海面的帆船、天空中的白云、海面上的海鸥等都可以很好地调和画面的色彩。

此外，拍摄海景在构图时，还可以选取一些礁石、海浪、渔船作为前景，赋予画面元素很好的层次过渡感，并从另外的角度展现大海之美。

拍摄海洋时以岩石进行构图，不单能丰富画面层次，还可以让画面获得一种刚柔相济的平衡：岩石为刚性，水为柔性

光圈f/4.5，快门速度1/60s，焦距36mm，感光度ISO100，曝光补偿-0.3EV

拍摄海上日出、日落/拍摄圆盘形太阳的技巧

　　早晨日出或者傍晚日落时分的大海在逆光的条件下会被太阳渲染成橙红色或金黄色，具有很强的画面感染力。如果我们对准太阳周围较亮的云层测光，可以使天空的云层细节及太阳轮廓表现得非常完整，而在海面上的船只、海鸥等景物就会因为曝光不足而形成剪影。

↑拍摄早晚的大海，海面及天空会变成橙红色等颜色，景物细节会因为逆光剪影效果而消隐，这样画面整体会显得非常大气
▲光圈f/10，快门速度1/100s，焦距55mm，感光度ISO100，曝光补偿-0.3EV

　　拍摄海上日出、日落时，你经常会见到圆圆的大太阳，其周边轮廓非常清晰，就像圆盘一样。这可以丰富原本非常单调的海面和天空构图，形成一个明显的视觉中心。

　　● 在正常情况下，要拍摄出太阳的轮廓，就需要使用90mm及以上的焦距拍摄。焦距小于90mm时，很难拍摄出太阳的轮廓。

　　● 应该注意，要获得清晰的太阳轮廓还有一个条件，就是光线不宜过强，例如中午就无法拍到太阳清晰的轮廓。

↑左图焦距为95mm，但光线过强，所以无法获得清晰的太阳轮廓；右图虽然焦距仅为70mm，但光线较弱，所以能够获得很清晰的太阳轮廓

用慢速快门表现海浪的动感：海浪源于潮汐，而潮汐是由月球对地球的引力所致。大家在海边拍摄时也常用慢速快门拍摄诸如"海浪击石""浪花飞舞"等主题。一般来说，海浪涌动前行的速度相对较快，使用慢速快门拍摄既能目睹其恢宏的气势，又能轻松地将其定格。如果要以"流动"的效果将海浪记录下来，可用低于 1/30 s 的慢速度拍摄，光圈值宜选择在 f/5.6 ~ f/11，这样可保证较为理想的景深。当第一波海浪即将进入取景框时，要不失时机地进行抓拍。

小提示　在海边进行长时间曝光拍摄时，一定要注意靠海边较远一点，防止海水溅入镜头腐蚀镜片；一定要将三脚架安放在较硬的岩石上，否则相机会在拍摄中途移动，造成所拍摄的照片模糊。

↑利用慢速快门速度拍摄海浪，动感模糊的效果也非常漂亮

▲ 光圈f/22，快门速度5s，焦距50mm，感光度ISO100

　　用中速快门表现海浪的美感：这里所说的中速指1/125 ~ 1/400 s，拍摄时将相机设为"速度优先"和连拍模式，同时，还要选择有礁石或山体的一面作为背景来构图，这样拍出来的照片既有层次感，又能将海浪气势磅礴的一面展示得淋漓尽致。拍摄时尽量不选用大海作背景，因为反差小，缺乏视觉冲击力，难以产生共鸣。

　　用高速快门表现海浪的质感：要拍摄"凝固"的海浪，就要选用高于1/500 s的速度，这样可轻易地拍摄出带颗粒、类似浮雕的立体海浪。如果能选择逆光的角度来拍摄的话，还能较好地表现出海浪的晶莹剔透与质感。当你带着相机漫步于海边时，用不同的快门速度来定格海浪的瞬间之美并置身其中，令人心旷神怡，回味无穷。

↑利用具有强烈质感的海浪来衬托海鸥，画面非常漂亮
▲ 光圈f/6.3，快门速度1/800s，焦距125mm，感光度ISO200，曝光补偿-0.3EV

↓发现有冲浪者时，一定不要错过，这会是非常有表现力的题材
▼ 光圈f/6.3，快门速度1/1600s，焦距220mm，感光度ISO100

拍摄出水流的动感

数码单反相机的优势不仅在于可以凝固高速的瞬间，而且对于"慢"的记录也是它的拿手好戏。想拍摄水景时，如果采用普通的自动曝光模式，效果势必会比较平淡，而使用长时间曝光，将水流描绘成顺滑的白色丝线，则会非常漂亮。

拍摄瀑布的动感水流效果，其实还是比较简单的。在通常情况下，即使没有采用滤镜来减少进入相机的光线，只要设定最小光圈、最低的ISO感光度，基本上就能够获得很好的丝质水流效果（快门速度以 1/5 ～ 20s 最佳）。当然，三脚架是必须使用的附件。

↑白色的水流、岸边深浅不一的绿色植物与苔藓搭配，使得画面有一种非常清新的气息，令人感到非常舒适

▲ 光圈f/11，快门速度1/2s，焦距37mm，感光度ISO100

与拍摄瀑布不同，在拍摄一些小溪流水，或是一些泉水流动的效果时，难度会大一些。因为这些景物的流动速度较慢，需要使用的快门速度也就较慢（通常要 1 ～ 30s 才能有很好的流动效果），而在白天的室外很难获得超过 1s 的快门速度。如果强行使用快门优先或 M 模式设定很慢的快门速度，那么画面整体就会曝光过度。

利用慢速快门速度拍摄小溪水流动的梦幻效果

光圈f/22，快门速度20s，焦距24mm，感光度ISO50，曝光补偿-0.7EV

要拍摄平地水流的动感效果，就需要一些非常特殊的相机设定和附件支持。

（1）设定快门优先或 M 模式，先提前设定快门速度为 1 ～ 30s。因为是在白天拍摄，要获得如此慢的快门速度，就需要设定最小光圈、最低的 ISO 感光度，并辅以中灰滤镜进行减光。

（2）如果所使用的中灰滤镜级别较高，如 ND16（通光量 1/16，相当于约 4 级快门速度的效果）、ND400（通光量 1/400:9 级）等，从取景器中是无法看到所拍摄画面的。此时，要开启即时取景模式，从监视器中观察所拍摄画面。

↑减光滤镜与三脚架配合，利用慢速快门速度拍摄出水流如梦幻般的效果
▲ 光圈f/22，快门速度4s，焦距67mm，感光度ISO50，曝光补偿+0.7EV

平静水面的倒影为画面增添魅力

　　水是万物之源，只要有水映衬的景色就会显得灵动。在拍摄水景的照片时，可以寻找环境中与之相匹配的景色，如岸边的奇石或浅滩、水中长满苔藓的石头，或者在水流中飘逸的水草。比如在拍摄四川九寨沟照片时，借助水中如童话般的色彩，配上漂浮的树干，可以营造出无限生机的水景照片。拍摄要主次有别，画面中不要纳入太多的主体，不过这并不是指不能纳入太多的元素，而是说各个元素要在形式或色彩上有一定的统一性，这样照片组合起来才不会显得杂乱无序。

↑水面的倒影可以丰富构图元素，给人一种和谐、优美的视觉感受
▲ 光圈f/9，快门速度1/100s，焦距25mm，感光度ISO100

拍摄出如仙境般的云海

拍摄云海、雪地等高亮画面时，相机所谓的"智能"会让云海、雪地变灰，这当然是不对的，因此就需要摄影者进行人工调整。在拍摄时增加曝光补偿，将相机偷偷自动降低的曝光值追加回来，就是曝光的"白加"了。利用增加曝光补偿的手段，可以准确还原真实场景，拍摄出如梦幻般的云海。

↑合适的前景能够丰富画面层次，使得画面更加耐看
▲ 光圈f/16，快门速度1/90s，焦距45mm，感光度ISO200，曝光补偿-0.5EV

虽然说在拍摄云海时采用"白加黑减"的方式可以获得更为准确的曝光，这是经典的曝光补偿定律，但根据个人的实拍经验，在拍摄云海时增加曝光补偿并不是非常明智的事，因为稍有不慎，就会让云海曝光过度。曝光过度的照片在后期中是无法追回细节的；反而，不如拍摄时曝光不足，然后在后期中再增加曝光补偿，这样会更加靠谱一些。

拍摄的原片

后期增加一定的曝光补偿后的照片

在一般情况下，温度在 10 ～ 18 C 这个范围时，蒸汽的变化最为剧烈，所以春秋两季云海的出现频率也最高。出现云海还有一个前提，就是风力的大小。当风力超过 3 级后，即使出现云海，也很容易被吹散。

要想拍摄出美丽的云海，就应做足准备工作。要早起，一般是在太阳出来前半小时到达拍摄点。这时拍摄的云海层次分明、光比小、色彩丰富，加上天色较暗，容易将云海拍成流动状；要登高，拍云海需登山，事先要找好上山路线，云海高度不一，登山的高度也要随着变化，要多走走看看，不要被它"骗了"，千万不要中途放弃；要用三脚架，因为太阳出来前，光线弱，相机的快门速度慢，手持容易拍虚。使用大光圈和提高感光度的办法，云海的呈现质量会大大下降。云海反光较强，所以要增加曝光量。在拍摄大面积云海时要增加 1 ～ 2 挡的曝光量，否则会出现因曝光不足而影响照片质量。要逆光或侧逆光拍摄，这样云海会有更多层次，增强透视感，云彩和云海的色调也会更加绚丽。

←凌晨早起进山，在山顶俯拍大气磅礴的云海
◀光圈f/8，
快门速度1/125s，
焦距50mm，
感光度ISO400，
曝光补偿+0.5EV

←拍摄长城漂亮的云海
◀光圈f/18，
快门速度1/160s，
焦距16mm，
感光度ISO200，
曝光补偿+1EV

多云的天空让画面更具表现力

在风光摄影中另一个需要注意的因素是天空。很多风光摄影都会有大幅的前景或者天空。如果你拍摄时恰好天空的景色很乏味、无聊的话，不要让天空的部分主宰了你的照片，可以把地平线的位置放在画面上 1/3 以上的地方，但是如果你拍摄时天空中有各种有趣形状的云团和精彩色泽的话，那就应把地平线的位置放低，让天空中的精彩凸显出来。

↑拍摄早晚两个时间段的天空，必须有漂亮的云层作为载体才够漂亮
▲ 光圈f/16，快门速度1/10s，焦距24mm，感光度ISO50

↑阴雨绵绵的天气里，虽然云层不够通透，但却能够渲染出与众不同的意境

▲ 光圈f/9，快门速度1/640s，焦距35mm，感光度ISO100，曝光补偿-0.3EV

抓住晨昏时绚丽的光影和色彩

黎明和黄昏时的光线是非常适合摄影的，甚至可以称之为摄影的黄金时间。在拍摄风光照片时，如果是在中午拍摄，你会发现所拍摄的画面中经常会因为光比太大而造成部分区域黑死，或者过曝，而在日出、日落的时候，拍摄风光照片就可以避免这个问题，并且画面会带有一种暖洋洋的色调，给人很舒适的感觉。

→下午4点以后的光线略微带一些暖意，给人很舒服的感觉
▶ 光圈f/11，快门速度1/320s，焦距24mm，感光度ISO320

晴朗天气里的晨昏之所以是摄影的黄金时间，有两个原因。

（1）在晨昏时，太阳光线开始变弱，光比不会过于强烈，这样就很容易表现出较好的影调层次，且暗部不会曝光不足，亮部也不会曝光过度，画面细节丰富。

（2）在晨昏时，色温变低，光线开始泛红泛黄，会让拍摄出的画面变得暖暖的，令人感觉非常舒适。

↑萧瑟的秋景在暖色调的光线下会变得暖意洋洋
▲ 光圈f/16，快门速度1/125s，焦距95mm，感光度ISO200，曝光补偿+0.3EV

▶ 光圈f/1.8，快门速度1/160s，焦距85mm，感光度ISO100

12 人像摄影实拍技巧

从某种意义上来说，人像摄影是比较难的一个题材。不单要求摄影者有一定的技术及美学知识，还需要在拍摄时有优秀模特的配合。要拍摄出舒展、自然的人像写真照片，两者缺一不可。

12.1 不同光线下人像画面的特点

散射光下拍摄人像会有细腻的肤质

在多云或阴天时，室外的光线为散射光，它由光源被遮蔽后透过云层的弱光与环境中的反射光线构成，效果非常柔和，适于拍摄人像。只要环境中的亮度足够，在散射光下拍摄人像就不但能使人物的面部及衣物的纹理等细节表现完整，还能有出众的色彩表现力。拍摄之前让拍摄对象转动身位，并注意观察光线的变化情况，以找到合适的拍摄角度。

唐艺 摄

↑在散射光环境中拍摄人像，人物肤色细腻、白皙

▲ 光圈f/1.8，快门速度1/640s，焦距85mm，感光度ISO320

侧光善于酝酿特殊情绪

　　在侧光下，拍摄对象面向光线的一面被照亮，而背光的那一面掩埋进黑暗之中，阴影深重而强烈，一般适合用来表现人物性格鲜明的形象。

　　如果侧光运用合理，会让画面的明暗对比非常强烈，以营造出一种深沉、悠远的氛围。

←侧光拍摄人像，如果不对人物面部的背光面补光，就容易营造出一种特殊情绪的氛围

◀ 光圈f/14，
快门速度1/80s，
焦距48mm，
感光度ISO100

斜射光利于勾勒出人物面部的轮廓

斜射光也是常用的外景人像拍摄用光。

让光线从左侧或右侧射向拍摄对象，并利用侧光形成的光影来安排画面的构图，能较好地表现人物的立体感和面部表情，还可以勾勒出人物面部的轮廓线条。斜射光对于表现拍摄对象的外部形态特征和环境气氛并形成很好的影调与色调结构，具有十分重要的作用。把握斜射光的应用，塑造个性的人物形象，能有效地传达作品的主题与创作者的情感。在实际拍摄时，为了保持良好的光影效果，要使用反光板对人物面部的背光面进行补光。

←利用斜射光勾勒出拍摄对象面部的轮廓，画面整体的立体感也比较强

◀ 光圈f/1.4，
快门速度1/320s，
焦距50mm，
感光度ISO100

逆光的两种经典效果

逆光是一种具有艺术魅力和较强表现力的光源，它能使画面产生完全不同于我们肉眼在现场所见到的实际光线的艺术效果。逆光人像通常包括两种情况：一种是利用逆光来表现拍摄对象的明暗反差，形成轮廓鲜明、线条强劲的造型效果，俗称剪影（剪影一般是通过对背景中的高亮部分测光，而人物部分因为曝光不足，只表现出形体的轮廓与线条，具有极强的视觉冲击力，同时也增强了环境的渲染力是）；另一种是拍摄对象曝光正常，主要是通过在逆光拍摄时配以闪光灯、反光板等辅助光源的应用，使人物的正面也曝光正常，以增强逆光人像的艺术表现力。

唐艺 摄

↑逆光拍摄时容易在人物周边形成亮边，头发部位也会产生发际光，非常漂亮

▲ 光圈f/1.8，快门速度1/640s，焦距85mm，感光度ISO100

▲ 光圈f/2，快门速度1/640s，焦距85mm，感光度ISO100

唐艺 摄

↓不使用遮光罩拍摄逆光人像，产生的眩光会让画面有一种梦幻般的效果。

▼ 光圈f/2.5，快门速度1/1000s，焦距85mm，感光度ISO320

12.2 让人像好看的构图技巧

以眼睛为视觉中心，让画面生动起来

　　古人云画龙点睛，在人像摄影时眼睛更是如此。眼睛是心灵的窗户，是人像摄影照片画面的神韵所在，因此在拍摄人像时针对眼部精确对焦非常重要。如果眼部没有合焦，那么整张照片就会软绵绵的，失去关键点。不管模特摆出何种造型，也不管从何种角度拍摄，都必须针对眼部精确合焦。

唐艺 摄

←只要能够看到人物的眼睛，拍摄时就应该对眼睛对焦，这样画面才会更加生动、传神

◀光圈f/3.2，快门速度1/250s，焦距85mm，感光度ISO2000

虚化背景突出人物形象

摄影界有这样一个说法——摄影是减法的艺术，即指在构图时应进行元素的取舍，或是进行某些元素的强调，某些元素的弱化。在拍摄人像时，利用大光圈、小物距或长焦距拍摄，可以虚化模糊掉繁杂的背景，且处于对焦平面的拍摄对象非常清晰，这就是一种强调人物、弱化背景效果的减法构图。利用这种构图方式可以更加有效地突出拍摄对象。

唐艺 摄
↑虚化背景可以有效地突出拍摄对象
▲ 光圈f/1.6，快门速度1/1600s，焦距85mm，感光度ISO100

简洁的背景突出人物形象

进行人像摄影时，人物是主体，是画面要表现的中心，环境要起到衬托拍摄对象的作用且不应该分散观者的注意力。既然拍摄对象是人像摄影的中心和摄影的目的所在，那就应该将一切摄影创作都围绕拍摄对象展开。只有最大化地突出了拍摄对象，才能够更好地表达主题，展示人物形象。突出拍摄对象形象最简单的一个方法是寻找一个简洁的背景。可以想象，如果背景元素比较复杂、色彩比较绚丽，则会分散观者的注意力，弱化人物的主体形象。

摄影者在拍摄之前就应该确定好拍摄对象所处的地点和面朝方向，这样在拍摄时的工作就简单了许多，仅对拍摄对象进行塑造即可。

唐艺 摄
←色彩、明暗相差不大的背景可以视为简洁的背景，它不会影响主体的表现力
◀ 光圈f/2.5，快门速度1/250s，焦距85mm，感光度ISO200

广角人像的环境感

　　使用广角镜头拍摄人像，较大的视角基本上就决定了在拍摄的画面中除了人物之外，还会有大量的环境因素。对于摄影者来说，一定要通过技术或构图手段来避免背景环境的杂乱无章，这样才能确保拍摄对象突出。

←利用广角镜头拍摄人像，能够让画面表现出很强的现场感和环境感，但应该注意取景时要控制纳入取景器的环境景物。如果纳入元素过多会让画面显得杂乱
◀光圈f/2.8，
快门速度1/45s，
焦距28mm，
感光度ISO800

　　如果要将人物拍大，就需要靠近对方，但这时需要合理控制广角镜头带来的变形。靠近人物会使他们在画面中得到夸大，变得非常突出。这种夸大不能过分，否则畸变会使人物形象面目全非。

↑ 使用广角镜头，靠近人物并仰拍，能够将人物拍得非常高大

▲ 光圈f/2.8，快门速度1/160s，焦距17mm，感光度ISO200

长焦人像的人物表情及肤质

　　拍摄人像时，利用长焦镜头，将远处拍摄对象的面部拉近，这样在最终的画面中可以清晰地表现出人物面部表情及肤质的细节，使得画面整体质感强烈，不过应该注意，要表现人物的面部表情及肤质，使用长焦镜头只是其中的一种方法。其实，无论焦距长短，只要靠近拍摄对象进行拍摄，就都能够将其面部表情及肤质的细节表现清晰。

唐艺 摄
←利用长焦镜头拉近人物，可以将人物的面部表情及肤质都表现出来
◀光圈f/2.2，
快门速度1/400s，
焦距85mm，
感光度ISO100

直幅更适合拍摄人像

与看风景不同，我们在观察某个人时，总是自上而下或是自下而上看的，观察的角度是在竖直线上。拍摄人像也是这样，使用直幅的构图方式拍摄，会更有利于观者的观察，给人一种更自然、舒适的感觉。直幅以宽广的竖直视角，更容易容纳拍摄对象自头至脚的所有肢体部位。

唐艺 摄

↑利用直幅构图，利于表现出更多的人物肢体，塑造人物形象

▲ 光圈f/1.2，快门速度1/1000s，焦距85mm，感光度ISO200

人的身形是上下延伸的，若拍摄横幅人像，则照片中人物左右两侧会有大片空白。如果取景时纳入其他景物，又容易分散注意力。横幅人像照片虽然环境感较强，但很难拍好。直幅人像摄影，可以将人物拉近，并尽可能地显示出头部及肩部。拍摄7分或全身的直幅人像，又很容易表现出拍摄对象的曼妙身姿。

唐艺 摄

←直幅构图的画面与人肢体上下的结构相吻合，能够表现出更多拍摄对象的肢体细节

◀光圈f/1.8，快门速度1/800s，焦距85mm，感光度ISO100

低视角有利于表现人物高挑的身材

　　拍摄人像时，取景角度的不同会营造出差别很大的画面。如果摄影者蹲下，采用稍稍仰拍的方式拍摄站立的模特，能够将拍摄对象拍摄得更为高大，身材修长，让画面人物看起来更加好看。

←稍微仰拍可以将原本身材不算高的女性拍得更为高挑、漂亮

◀光圈f/4.5，
快门速度1/1600s，
焦距90mm，
感光度ISO200

平拍获得非常自然的画面

平拍人像是指相机镜头与拍摄对象的面部基本持平，或相差不大，这种高度所拍摄的画面效果符合人的视觉经验，与人眼直接看到的效果相似，这样拍摄出的画面就会看起来比较自然，无特殊变化。如果要追求画面有更强的视觉冲击力和特殊效果，就需要让模特做出一些特殊的动作或采用一些特殊的曝光技巧。

唐艺 摄

←尽量靠近拍摄对象，将人物的面部表情拍清晰，增加视觉冲击力，可以在一定程度上增加平拍人像的画面效果

◀光圈f/1.4，
快门速度1/2000s，
焦距85mm，
感光度ISO200

对角线构图获得更具活力和生气的人像

利用传统人像构图拍摄出来的画面有时会显得活力不足，有些平淡，特别是在模特身材不够火辣或服饰不具有很强的视觉效果的情况下，摄影者可以尝试使用对角线人像构图形式。这种构图形式讲究拍摄对象的摆姿与摄影者取景角度的调整两个方面的协调，大多以直幅的形式来表现。

利用对角线人像构图拍摄出来的作品，一般会为画面带来足够的活力和视觉冲击效果，给人与众不同的感受。

唐艺 摄

←利用对角线构图拍摄人像，可以让画面富有动感，更具活力

◀光圈f/2.2，
快门速度1/2500s，
焦距85mm，
感光度ISO160

三分法构图在人像摄影中的应用

无论拍摄何种题材，构图的好坏都直接影响到画面的美感。这就是为什么在拍摄同样的模特时，有些人拍得好看，有些人拍得就相对差一些。三分法构图是摄影中最常见的构图手法，其内容很简单，在摄影构图时，我们将画面的横向和纵向平均分成3份，画面中的重点表现对象一般都会被安排在三分线的交汇处，因为在此位置上的主体对象会被突出表现，也符合视觉舒适的原则。通过合理调配拍摄对象在画面中的大小和位置，最终使整个画面中的各个元素都达到均衡。

三分法构图在人像摄影中具有极为广泛的应用。在通常情况下，应把拍摄对象或其特定部位（如眼睛、脸庞等）放在三分线的交会处或附近，从而突出人物形象，达到良好的视觉效果。现在大部分数码单反相机都内置有构图辅助线功能，在具体拍摄时，不妨开启这个功能，相机会自动在取景器中添加构图辅助线，来帮助我们进行构图。三分法构图对于横幅和直幅人像构图拍摄都适用。按照三分法安排主体和陪体，照片就会显得紧凑、有力。

唐艺 摄

↑ 整体人物位于画面的左或右三分线处，画面会比较协调，并且人物形象也比较突出

▲ 光圈 f/1.8，快门速度1/1250s，焦距 85mm，感光度 ISO100

　　人像摄影中，直幅构图的作品会比较多，这种情况将人物置于照片的左或右三分线处显然不太合适，但三分法构图同样适合于直幅构图的人像拍摄，具体为在取景时将人物的眼睛置于画面的上1/3处，这样观者能够直接与拍摄对象的眼睛进行交流，画面也会看起来比较协调、自然。

唐艺 摄

↑将人物的眼睛放在画面的上1/3处，这样的画面令人看起来比较舒服

▲ 光圈f/1.4，快门速度 1/4000s，焦距 85mm，感光度 ISO200

12.3 不同风格的人像画面

自然色人像风格

　　自然色系包括砖色、土红色、墨绿色、青绿色、秋香色、橄榄绿色、黄绿色、灰绿色、土黄色、咖啡色、灰棕色、卡其色等非常多的色彩。使用这类色彩进行美女人像写真，也是一种主流的色彩设计方式。该风格搭配比较方便，可以随时根据拍摄对象的衣着进行拍摄，整体的自然环境也主要是这些色彩的组合。使用自然色系拍摄的摄影作品，能够表现出亲和力和轻松、自然的情感，但注意要拍摄出写真作品的特色。

唐艺 摄

↑自然色人像风格会给人一种轻松、自然，富有亲和力的感觉

▲ 光圈f/2.8，快门速度1/640s，焦距85mm，感光度ISO100

高调人像风格

　　高调人像风格的摄影作品是指由黑白胶片摄影延伸到彩色摄影的一个概念。高调人像风格的摄影作品中，以浅色调，主要是白色和浅灰色的色彩层次来构成，它们几乎占据画面的全部，而少量深色调的色彩只能作为很小的点缀来出现。这种摄影作品能够表现出轻松、舒适、愉快的感觉，比较适合表现女性角色，特别是少女或在一些特定场合下的成年女士。在使用高调人像时要注意，应该控制光线的色温，不要让画面因为色温关系的泛蓝而惨白。

唐艺 摄

↑高调人像风格会给人一种明快、轻松的视觉体验

▲ 光圈f/2.2，快门速度1/500s，焦距85mm，感光度ISO160

▲ 光圈f/1.8，快门速度1/640s，焦距85mm，感光度ISO100

低调人像风格

　　低调人像风格的摄影作品与高调人像风格的摄影作品的定义几乎正好相反，是指以黑色为主的深色区域来构筑画面整体的层次。黑色几乎占据画面的全部区域，而浅色调的白色等仅仅作为点缀来表现。这样可以为画面形成一种强烈的影调对比，以表现出神秘、深沉、高贵或危险等情绪。低调人像风格的摄影作品有时具有很强的人物面部轮廓的勾勒能力，表现出一幅非常具有艺术气息的画面。

↑低调人像画面能够表现出压抑或是神秘的感觉
▲ 光圈f/16，快门速度1/125s，焦距18mm，感光度ISO200

胡华 摄
光圈f/5.6，快门速度1/60s，焦距105mm，感光度ISO250

13 花卉摄影实拍技巧

花卉摄影，是以大自然或人工培育的花卉为拍摄对象的摄影题材。面对这些容易接近的花卉摄影，看似简单，但如果不假思索地拍摄，往往只能得到平淡而并不出彩的作品。真正的花卉摄影创作，应该是非常严谨的，不单需要摄影者对取景构图等仔细雕琢，还需要使用三脚架等附件，在合适的时间段内拍摄，只有这样才能创作出好的花卉作品。

13.1 花卉摄影附件的使用

为何要使用三脚架拍摄花卉

　　进行微距摄影，三脚架是经常需要用到的器材，否则轻微的抖动都会拍出模糊的图像。另外，利用三脚架辅助拍摄，还可以帮助摄影者进行精确构图。

胡华 摄

↑使用三脚架可保持相机的稳定性，并利于进行精确构图，特别是对于一些形体非常小的花卉、昆虫等拍摄对象

▲光圈f/11，快门速度1/800s，焦距105mm，感光度ISO400

小提示　在一般情况下，使用三脚架可以在最大程度上提高照片的清晰程度。

让花朵受光均匀的环形闪光灯

进行微距摄影时，良好的光线是拍摄是否成功的一个重要条件。闪光灯是微距摄影中较常用到的附件。使用数码单反相机机顶的内置闪光灯进行微距摄影并不是很好的选择，因为机顶闪光灯的光线过于单一，并且容易形成强光照射点，使得主体对象正对相机镜头的部位过亮而损失大量的细节。辅助微距摄影的照明系统需要采用非常专业的闪光灯。专业的闪光系统具有多角度、不同亮度进行补光的特性。每个闪光灯都具有专属的放置区域，从而制造出平衡均匀的效果。

微距用闪光灯一般为特制的环形闪光灯，能够从各个角度对主体补光，使景物不留下阴影。环形闪光灯的灯头部件一般是通过镜头前端的滤镜螺口，固定在镜头上的。在有些情况下，也可以通过卡口来安装（类似于为镜头安装遮光罩）

胡华 摄

↓当环形闪光灯被引闪时，围住镜头的一圈灯管会同时发光，因此光线是呈环状包围的，而不是像普通闪光灯那样，仅由上方或一侧发出闪光。这样环形闪光灯就能够有效地消除闪光灯拍摄中的阴影

▼ 光圈f/9，快门速度1/250s，焦距100mm，感光度ISO400

使用普通镜头拍摄出专业微距镜头的效果：近摄环的应用

拍摄微距照片时，如果是非微距镜头，有时即使在最近对焦距离下拍摄，也无法达到 1:1 的拍摄放大倍率。要解决这个问题，可以使用近摄环来完成。这样还可以为摄影者省下购买专用微距镜头的钱。使用近摄环后，

最终拍摄照片的画质并不会受到明显的影响，因为近摄环就是一个金属环，中间没有光学镜片，但使用近摄环后，快门速度会变慢，因为近摄环会影响进入镜头的通光量，这样在拍摄微距照片时，可能就需要使用三脚架提高

相机的稳定性。使用近摄环后，对焦方式与一般镜头不同，必须先转动变焦环进行初步的对焦，才能转动对焦环进行对焦修正。如果是定焦镜头使用近摄环，则必须前后移动拍摄位置，否则无法完成对焦。

近摄环的功能就是缩短镜头的对焦距离，达到提升镜头放大倍率的目的

↓使用近摄环，可以让原本对焦距离不够的镜头有更近的对焦距离，以拍摄出漂亮的微距花卉作品。本例中，原本70-200mm镜头的最近对焦距离较远，但使用近摄环，则可以缩短这个距离，让画面更接近于1:1成像的微距效果。

▼ 光圈f/5.6，快门速度1/180s，焦距200mm，感光度ISO100，曝光补偿+1EV

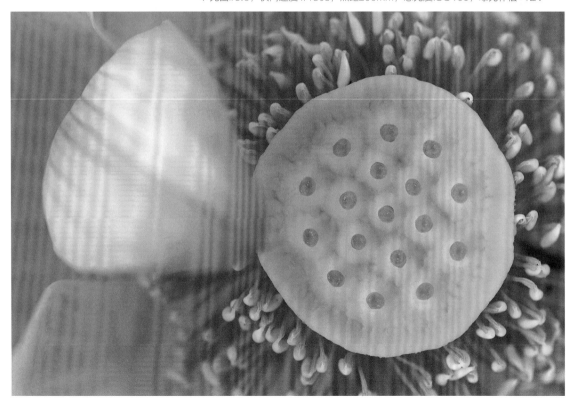

13.2 拍好花卉就6招

几点拍摄花卉最合适

根据季节、阳光强弱，可选择早上9～10点之前，下午15～16点之后拍摄。这些时间段的阳光照射强度适宜，并且经过夜晚水汽的滋润，植物表面会显得非常娇嫩。如果想拍摄霜或露珠，则要在日出时短暂的时间拍摄。此时既有阳光的照射，霜又还没化去。阳光和霜不能共存，此种机会可遇不可求。

胡华 摄

←清晨拍摄的花卉照片，花朵湿润、娇嫩，画面效果较好

◀光圈f/5，
快门速度1/160s，
焦距105mm，
感光度ISO400

胡华 摄

←在晨露尚未汽化时拍摄，可以拍摄出如水晶般的美感

◀光圈f/5，
快门速度1/60s，
焦距105mm，
感光度ISO400

手动选择对焦点：找准焦平面

　　微距摄影对于对焦的准确性要求相当高。近距离拍摄时，有时 1mm 的焦距误差都会使拍摄对象虚化。在自动对焦范围许可的条件下，设定单点或定点自动对焦，并设定 ONE SHOT 单次对焦，可以让你快速、准确地对焦。俯拍花朵，对花蕊的柱头进行对焦，即在这个焦平面上的物体是清晰的，而花的其他部分都呈现虚化的状态。

胡华 摄

拍摄微距花卉，不适合锁定对焦后移动视角重新构图，而是应该先移动对焦点到主体位置上
再进行拍摄，这样可以确保想要重点突出的位置非常清晰
光圈f/3.3，快门速度1/200s，焦距105mm，感光度ISO400

胡华 摄

↑先取景构图，完成后再手动选择对焦点的位置使其覆盖于主体昆虫上，完成拍摄即可。这
样可以让拍摄的蜜蜂是最清晰的
▲ 光圈f/10，快门速度1/400s，焦距105mm，感光度ISO200

　　我们拍摄大部分题材时，都可以先对焦，然后锁定对焦再重新构图拍摄，但这种对焦拍摄方式存在余弦误差，以致拍摄近距离花卉及微距题材时总会产生脱焦现象。你可以进行试验，近距离拍摄微距题材时，锁定对焦后移动视角重新构图完成拍摄，就会发现期望最清晰的位置肯定是虚的。

　　在拍摄微距及花卉时，要先取景构图，然后手动选择对焦点的位置，直接拍摄。根据构图的几个原则，如黄金分割法、九宫格构图法、对角线构图法、对称式构图法等，移动对焦点至适当位置，直接拍摄即可。

用什么测光模式拍摄花卉最理想

拍摄花卉，一般使用点测光模式较多。应对花瓣的亮处进行点测光，这样暗部就会曝光不足，损失一些细节。从而使主体醒目、突出，非常漂亮。

胡华 摄

↑利用点测光模式拍摄，较亮的花卉主体明亮度足够，但背景会被压暗

▲ 光圈f/5.6，快门速度1/3200s，焦距105mm，感光度ISO800

胡华 摄

→利用评价测光模式拍摄，画面整体的曝光会比较均匀。可以看到，相对而言，花朵主体并不算特别突出，后来通过裁剪，才让主体更突出了一些

▶ 光圈f/5，快门速度1/500s，焦距105mm，感光度ISO800

花卉摄影中光圈大小的选择技巧

　　很多摄影初学者都追求大光圈，浅景深，以达到背景虚化，突出主体的目的，于是习惯性地把光圈设置为最大，但100mm左右的微距镜头，需根据花朵距离的远近、颜色的深浅，设定适当的光圈。近摄时，过大的光圈而导致的过浅的景深会使花朵只有很小的一部分清晰。如果想清晰地表现花蕊，需适当地把光圈设定得小一点。

胡华 摄

↑将最大光圈从f/2.8缩小到f/9，这样能够将主体花蕊的更多部分清晰地拍摄出来

▲ 光圈f/9，快门速度1/50s，焦距105mm，感光度ISO1000

胡华 摄

↑微距摄影往往是近距离拍摄，并且微距镜头多为100mm左右的长焦。这样应该设定中小光圈拍摄才能让花蕊的大部分都清晰。本画面已经设定了f/5的中等光圈，但仍然偏小，可以看到花蕊的有些部分还是发生了虚化

▲ 光圈f/5，快门速度1/100s，焦距105mm，感光度ISO800

利用开放式构图增强画面的视觉冲击力

　　封闭式构图的视觉心理是把视线集中在画面内，注意力集中在完整的主体上；如果只截取景物的一部分进行表现，则可以把想象延伸到画面之外，让观者发挥想象和联想。拍摄花卉时，开放式构图是较常见的构图手段。

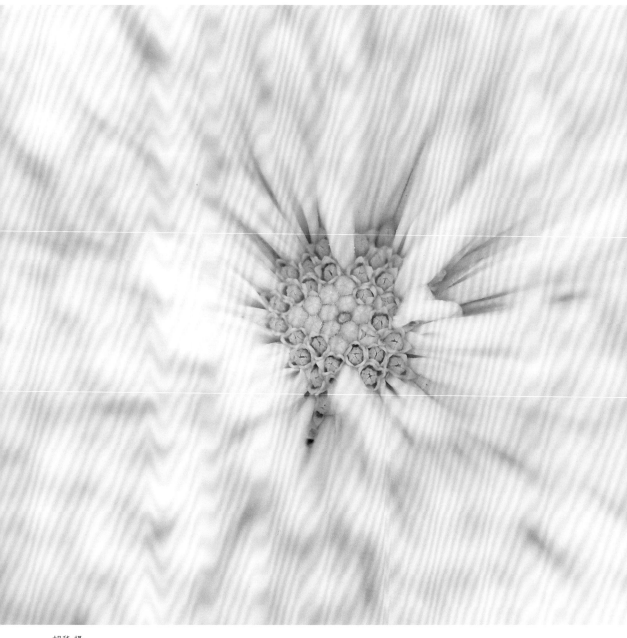

胡华 摄

↑如果采用封闭式构图的形式将花朵拍全，花蕊部分就不够突出和醒目了

▲ 光圈f/5，快门速度1/320s，焦距105mm，感光度ISO800

胡华 摄

↑采用开放式构图，利用画质的锐度和花瓣优美的线条来营造画面，同时，还给观者留下充分的想象空间，你或许会想到整个花朵是什么样子呢

▲ 光圈f/5，快门速度1/40s，焦距105mm，感光度ISO400

黑背景花卉的拍法

让照片的主体花朵明亮，而背景较暗，是我们经常见到的花卉拍法。要获得这种效果，通常有几个要素，或说是几种方法。第一种方法，可以携带一块黑色背景布，拍摄之前将黑色背景布放到花朵后面，这样直接拍摄即可；第二种方法，先选择一个合理的角度，确保从该角度看花朵时，有个较暗的背景，然后采用点测光模式测较为明亮的花朵部分，这样可以进一步压暗背景，最终的效果就是黑背景了。

胡华 摄

←找暗背景，然后设定点测光模式或中央重点测光模式，测花朵亮部，这样可以拍摄到暗背景的照片效果

◀光圈f/5，
快门速度1/160s，
焦距105mm，
感光度ISO400

胡华 摄

←在花朵后面放上黑色的背景布，可以获得背景很干净的照片。主体景物的形态和细节都非常漂亮

◀光圈f/5，
快门速度1/100s，
焦距105mm，
感光度ISO200

13.3 花朵上的昆虫

蜜蜂、蝴蝶、蜻蜓、螳螂都是我们拍摄花卉时经常遇到的昆虫，它们的出现让画面多了几分生机和动感，更富自然气息。在拍摄这些小生灵时，可以使用中长焦镜头，拍摄距离较远，避免惊扰到它们。拍摄时不妨反复观察，多尝试几个角度。如果镜头具有微距功能，我们也可以考虑将昆虫作为拍摄的主体而花卉作为衬托，以寻找创作的新意。

胡华 摄

←对蝴蝶的头部进行对焦，这是很难的。应该设定定点对焦，并设定ONE SHOT单次对焦的形式来拍摄。最好多拍摄几张，最终找到对焦最完美的一张，确保蝴蝶的头部最为清晰

◀光圈f/5.6，快门速度1/40s，焦距100mm，感光度ISO250

胡华 摄

←本画面这种效果是最难拍的，因为蜜蜂等昆虫很容易受到惊吓，直接就飞走了，并且你的对焦还很容易受到周围花朵的干扰。在通常情况下，要拍摄这种画面效果，是有以下几个要素的。

（1）拍摄时你要动作幅度较小，否则会吓走蜜蜂

（2）单点对焦是不可以的，因为你很难精确对准到蜜蜂的头部。通常需要设定对焦点扩展（最高5点或9点）模式以覆盖更大的区域，来捕捉到蜜蜂，然后进行连续拍摄

▲ 光圈f/3，快门速度1/1600s，焦距105mm，感光度ISO200

（3）ONE SHOT单次对焦的精度虽然很高，但对焦速度太慢，所以需要你设定AI FOCUS或AI SERVO对焦模式进行连续对焦

（4）进行连拍，拍摄多张照片，最终挑选出对焦效果最理想的一张

拍摄蝴蝶、蜻蜓等活动迅速的昆虫具有相当大的难度。它们通常极其警觉以至于很难被捕捉到镜头中，因此最好使用100mm以上的中长焦距镜头（如100mm的百微镜头，或70-200mm等高性能的牛头），从2m以外的距离进行拍摄。这样不但能够让它们在安全的环境下自由活动，还可以让它们在画面中占据足够大的比例。

佳能EF 100mm f/2.8L IS USM镜头

佳能EF 100-400mm f/4.5-5.6L IS USM镜头

胡华 摄

↑105mm微距镜头的画质是一流的，并且焦段足够，可以让你在拍摄一些花朵上的昆虫时显得游刃有余

▲ 光圈f/5.6，快门速度1/60s，焦距105mm，感光度ISO250

拍摄花卉时，如果能以蝴蝶或是蜜蜂等昆虫作为主体，这样画面会更加生动、耐看
光圈f/5.6，快门速度1/100s，焦距105mm，感光度ISO250

▶ 光圈f/7.1，快门速度6s，焦距47mm，感光度ISO100，曝光补偿-1EV

14 夜景摄影
实拍技巧

夜景摄影是看似非常小，但几乎所有摄影者都会经常遇到，且非常喜欢的一个题材。很多初学者也都喜欢拍摄夜景，但效果不够理想，可能是色彩偏红，也可能是画面噪点过多，还有可能是对焦失败造成画面模糊。要想拍好夜景，还是需要掌握一些特定的基本知识及技巧的，只有这样才能更容易获得令人赞叹的好夜景作品。

14.1 拍摄夜景要做好哪些准备

夜景摄影与在常态光线下的风光摄影不同，往往需要更为丰富多样的器材支持。抛开相机、镜头的因素，三脚架、渐变滤镜（或灰卡）、快门线，甚至是手电筒等非摄影附件在夜景摄影中都是必不可少的。

（1）镜头：夜景摄影的主力镜头大多为广角镜头。随着焦段的变长，使用的频率也会越来越低，24-70mm焦段的镜头也比较合适，但超过50mm的长焦端使用较少。

（2）三脚架：三脚架是夜景摄影的必备附件，因为夜景摄影大多以长时间的曝光为主。如果没有特殊的拍摄要求，建议选择搭载球形云台的三脚架。

（3）渐变滤镜（或灰卡）：拍摄一些高反差的大视角城市景观或是建筑物，使用渐变滤镜可以修正画面整体的曝光程度。当然，如果没有携带渐变滤镜，使用一片灰卡也可以大致满足要求。

（4）快门线：快门线的使用可以让拍摄的稳定性更高，有效避免手指按快门时相机所产生的瞬间震动。

（5）手电筒：很多时候室外的光线非常暗，准备一个小型的手电筒可以辅助摄影者对相机进行操作，且有时可以利用手电筒照亮夜景来进行简单的光绘。

↑专门外出拍摄夜景，除一般的渐变滤镜、三脚架等附件之外，你可能还需要借助于手电筒及头灯等附件才能装好三脚架、镜头、快门速度线等附件

▲ 光圈f/6.3，快门速度5s，焦距14mm，感光度ISO320，曝光补偿+0.3EV

14.2 夜景摄影的常识

让夜景画质细腻、锐利

无论是在白天拍摄光线还是在夜景拍摄，设定中小光圈是第一选择，这样可以获得大景深的效果，将远近景物都拍清晰。但是夜晚光线较弱，在不考虑感光度(ISO)的前提下，设定中小光圈之后，快门速度就会慢一些，这样才能获得充足的曝光量。

综合起来，夜景摄影的相机设定及要求总结如下。

(1)"中小光圈＋慢速快门＋三脚架稳定拍摄"是夜景摄影最显著的特点。通常情况下需要设定f/8甚至是更小的光圈，至于快门速度多慢，则要视拍摄的主题而定。

(2)设定低感光度，可以确保有较为细腻的画质。

(3)设定 RAW+JPEG 双格式进行拍摄。RAW 格式是未经处理、也未经压缩的格式，摄影者在进行后期处理时，可以打开 RAW 格式对照片的风格、白平衡等进行一定的调整和优化，并且不会有图像质量损失。而保留的 JPEG 格式则可以方便不善于后期处理或不打算对图片进行后期处理的用户。

↑拍摄古镇夜景，最好是在晚上9点之后，待逛街或旅游的人都大致散尽之后再来拍摄
▲ 光圈f/22，快门速度30s，焦距24mm，感光度ISO200，曝光补偿-0.3EV

正确地设定相机参数，并稳定地拍摄之后，高像素相机可以带来非常细腻、锐利的画质，即便是进行大幅度裁剪，画面细节也仍然令人满意

快门速度是夜景摄影成败的关键

夜晚街道车流的光绘效果、照明光源的星芒、夜空的银河及星轨等是夜景摄影作品最迷人的亮点。要拍摄好这些主题，通常需要摄影者对快门速度进行特定的控制。

无论是街道上行驶中的汽车，还是水面移动的船只，利用2～30s的快门速度，大都可以拍摄下灯光运动的轨迹，这种光绘的效果非常漂亮。当然，具体的快门速度设定是无法准确界定的，我们所提供的参数也仅供参考，因为不同的拍摄对象其运动速度是不同的，即便同样是街道的车流，城市的外环路与市内街道的车速也是完全不同的。2s的快门速度可以确保高速公路的汽车拉出长长的轨迹，而在拥挤的市内则可能需要十几秒的快门速度。

要拍摄星空的银河及星轨，则需要30s以上的快门速度，还有可能是数分钟，甚至是十几分钟。

↑街边拍摄路上的车流时，要避开行人道以免影响其他人的出行

▲ 光圈f/22，快门速度20s，焦距18mm，感光度ISO160，曝光补偿1EV

↑拍摄街道的车流时，如果快门速度在5s左右，那么车灯的线条偶尔会出现一些断断续续的状态，这是另外一种风格

▲ 光圈f/16，快门速度5s，焦距27mm，感光度ISO100，曝光补偿+0.7EV

光线微弱的场景怎样完成对焦

过于在意能否拍摄出漂亮的夜景照片，往往会让你忽视最基本的问题，比如说夜晚弱光下的对焦成败。数码单反相机在微光下有时会无法完成自动对焦，而手动对焦又无法看清取景器内的明暗，怎么办呢？

弱光对焦的操作方式如下。

（1）拍摄近处的景物时，可以开启相机内的辅助对焦功能，由相机发射光线（高档数码单反相机可发射红外光辅助完成对焦）照亮拍摄对象，完成对焦。

（2）同样是拍摄近处的景物，开启闪光灯，闪光照明，完成对焦。此时，再改为手动对焦模式，然后关闭闪光灯，完成拍摄即可。

（3）拍摄远处的景物时，先使用自动对焦模式，对远处的光源对焦（十几米之外的即可，十几米远的距离与你拍摄的主体都可以等同于无穷远）。

对焦完成后，切换到手动对焦模式即可完成拍摄。

（4）使用手动对焦模式，转动对焦环，观察、调整镜头上的距离表，调整到无穷远∞，然后完成拍摄即可。需要注意的是，许多入门级镜头，即所谓的"狗头"可能没有距离表，那就需要按照第（3）条来实现对焦了。

↑类似于本画面这种没有任何光源照明的夜景中，如果要实现对焦，往往就需要利用前面正文中介绍的弱光对焦技巧进行对焦了

▲ 光圈f/4，快门速度30s，焦距12mm，感光度ISO4000

刚入夜时拍摄景别与层次都丰富的夜景

　　许多摄影者都喜欢在太阳刚下山，天色尚未完全暗下来时拍摄夜景。此时的天空没有完全黑下来，还带有晚霞的余光，如果在天气好的情况下还会有云彩的映衬，而且建筑和街道不同颜色的灯光也都逐渐开启。这样经过长时间曝光拍摄，照片画面中会同时存在天空的霞光与地面的灯火，画面内容显得更加丰富。

←太阳落山之后，近处已经入夜，但仍然有余晖反射，画面这种光线与光影的搭配，非常漂亮

◀光圈f/6.3，
快门速度1/30s，
焦距16mm，
感光度ISO500

↑刚入夜时，天空还留有少许傍晚的霞光。将霞光与地面的景物都纳入画面中，是拍摄大片的诀窍所在。要拍摄这种美景，就需要提前到达拍摄现场，趁天色还明亮时观察周围状况，且还应该在天尚未完全暗下来时就将相机固定在三脚架上，否则天色完全暗下来之后就很难看清地平线的水平了，所以最好事先调整画面到水平

▲ 光圈f/13，快门速度30s，焦距65mm，感光度ISO100，曝光补偿+1EV

14.3 星空摄影

银河与星轨的拍摄技巧

从摄影爱好而非天文研究的角度来说，星空摄影包括两种比较明显的类型：一是银河，二是星轨。

一般来说，每年的4~10月是较好的拍摄银河的时间，因为在另外几个月里，银河出现在我们上空的时间是白天，自然也就拍不到了。到了夏季，银河最亮的银心出现在天空，是观赏和拍摄银河的最佳时间段。

一幅夜空摄影作品或一段视频作品的背后，意味着非常

多的付出。星空摄影是个辛苦活，首先题材决定了只能夜间拍摄。要背着沉重的器材装备摸黑跋山涉水，有时除了摄影器材之外，还要带扎营装备（野外有个帐篷可以防风、防冻）。另外，对体能、毅力、胆量也有很大考验。其实这些都还好，但要克服人本能的对孤独和黑暗的恐惧，是个心理上必须迈过的坎，否则很难迈出星空摄影的第一步。

下面我们介绍夜空银河的一般注意事项和技巧。

（1）如果要拍摄银河，那就一定要知道银河升起和落下的时间。

银河银心的升起、落下时间表（北半球）

月份	一月	二月	三月	四月	五月	六月	七月	八月	九月	十月	十一月	十二月
升起时间	5:30	3:30	1:30	23:30	21:30	19:30	17:30	15:30	13:30	11:30	9:30	7:30
落下时间	12:00	10:00	8:00	6:00	4:00	2:00	0:00	22:00	20:00	18:00	16:00	14:00
说明	白天无法拍摄	凌晨可见，拍摄时间较短	凌晨拍摄最佳	后半夜拍摄最佳	整夜拍摄均佳	整夜拍摄均佳	前半夜拍摄最佳	天黑后拍摄最佳，拍摄时间较短	天黑后拍摄最佳，拍摄时间很短	白天无法拍摄	白天无法拍摄	白天无法拍摄

（2）独自面对野外的黑暗环境，安全不确定因素加大，尽管玩星野摄影的人不多，但是星野摄影最好能结伴还是结伴走：一是壮胆；二是切磋、交流更有乐趣；三是出现意外状况也能互相照应。

（3）拍摄银河，最好设定大光圈，这样可以将一些比较暗的星星也曝光出来，并且更容易获得较短的曝光时间。焦段以16mm甚至更短的焦距为佳，感光度应该设定在ISO2500以上，最终曝光时间应该在30s之内。如果超过了30s，那星星会产生拖尾现象，就不再是单独的点了。

（4）拍摄星轨，要使用三脚架+快门线辅助，定时拍摄。如果相机没有定时和延时拍摄功能，那就买一个可以定时和延时拍摄的快门线，不贵，却很能解决问题。

（5）同样是拍摄星轨，我们不建议单张有太长的曝光时间，否则一旦出现地面的干扰，要废掉某张照片时，如果该照片曝光时间太长，那就会严重地影响最终效果了。

（6）拍摄时要注意，相机的电池电量要满，存储卡的空间要足够。为了节省空间，建议拍摄较小的JPEG格式，

并且这样最终合成也比较节省时间。

（7）最终合成时，直接使用Photoshop软件文件菜单中的脚本子菜单，再选择统计菜单命令，然后即可进行操作。星轨的合成模式多使用最大值或平均值。整个过程非常简单，没有太多必要使用第三方的插件。当然，有些第三方的星轨插件，有助于你获得一些特效，但也并不真实。

（8）在对焦及镜头控制方面，要关掉镜头防抖，设为手动对焦模式。通过距离表将对焦距离对在"∞"（无穷远）处，然后再稍稍拧回来一点。如果是对焦在"∞"（无穷远）处对焦，那可能会出现前景不够清晰的问题。

（9）在正式拍摄之前，可以先设定10000左右的感光度数值，快速拍摄一张，确定一下构图范围。确定好之后，再用之前我们介绍的参数进行拍摄。

此外，还有一些细节问题，会影响你拍的成败，比如远处城市的灯火会让很多暗星显示不出来，那星星就会显得比较稀疏。如果特别感兴趣，那还可以准备一些指示现场温度、湿度的App，指示星星位置的App等。

下面我们通过一些具体的案例，来介绍星空摄影的更多技巧。

也许你会担心机位附近路过行人的照明灯光进入你的取景画面，会让你的拍摄失败，其实大可不必担心，点光源出现在取景画面当中，在后期进行堆栈之前，可以被处理掉。具体的做法是在 Photoshop 当中打开有点光源的照片，用黑色画笔将其涂抹掉就可以了，而涂抹的黑色部分，在进行堆栈时并不会被显示出来，或者你也可以最后直接通过合成，替换一个前景。

↑ 行人的灯光进入取景画面，如果不进行处理，直接堆栈，最终效果中会有局部的死白过曝区域

▲ 多张堆栈

↑ 堆栈之前，用黑色画笔涂抹掉存在灯光的单张照片后再进行堆栈，就可以将灯光消除掉了

▲ 多张堆栈

地球是自转的，而我们也与地球一起自转，这样原本静态的星空相对于地球来说就是运动的，只是速度比较慢，肉眼不可见而已，但通过长时间曝光却可以记录这种相对运动的星轨。地球的自转有一个正对北方的轴，只要我们对准了正北方（通常是北极星），那记录下来的星轨就是一个椭圆形的轨道。

拍摄之前，要寻找北极星确定圆形轨道的圆心。很多人都喜欢在手机中下载一个 App 应用软件"星空指南"或"星空地图"，从而快速找到北极星。其实，不用那么麻烦，用手机自带的指南针也可以大致确定。接着，用相机对准北极星进行拍摄即可。

↑星轨的总曝光时间最好要超过40分钟，这样星轨才足够长，才会更加好看。本图的总曝光时间是15分钟，很明显星轨不够长，显得有些乱

▲ 多张堆栈

拍摄星空一般用堆栈的方法得到最后的照片，比如说我们 30s 曝光一张照片，那曝光 120 张照片就是 3600s，也就是 1 个小时。1 个小时的时长，星轨基本上就比较漂亮了。我们没有必要追求总时长超过 2 个小时。那这样来说，如果设定 30s 的单张曝光时间，100 张左右就足够了。如果存储容量有限，或是计算机运行速度不够，那可以考虑设定单张有 1 ～ 2 分钟的曝光时间，这样只需要 30 ～ 60 张照片就可以了。

↑总共1个小时的曝光时间，星轨已经比较理想了

▲ 多张堆栈

天空有薄云对拍摄银河的影响很大，即便云层很淡，那也基本上宣告你的银河拍摄失败了；地面存在光污染，对银河拍摄的影响也特别明显，会让银河几乎不可见。要注意的是，只要并不是太厚的云层，对拍摄星轨的影响就不明显，因为后期堆栈时很多云层都被过滤掉了，即便过滤不掉，也可能还会让你的照片更有味道。

↑天空中飘着一层薄云，这会遮住一些亮度不够的星星，但对于星轨的拍摄来说并不是十分致命的，后期采用"最大值"的方式进行的堆栈处理，得到的照片既包含星轨，也包含一些淡淡的云层，反而很漂亮
▲ 多张堆栈

↑秋季银河最精彩的部分接近地面，可以只截取这部分进行表现
▲ 光圈f/2.8，快门速度30s，焦距15mm，感光度ISO6400

↑即便空气干净，光污染的干扰也是非常大的，几乎让天空的银河无法显示出来。因此要拍摄银河，应该到光污染少的地方
▲ 光圈f/4，快门速度30s，焦距16mm，感光度ISO3200

为什么用堆栈可以得到星轨

因为地球是自转的，相对于星空来说是动态的，所以长时间曝光就可以记录下星轨。如果直接使用相机进行长达数小时的拍摄，那几乎是很难实现的操作，具体原因如下。

（1）长时间曝光会产生大量噪点，并且很多噪点都与星星混在一起，让人无法分辨，自然也无法降噪。即便强行降噪，画质也仍然会不够清晰。

（2）相机可能会无法支撑过长的曝光时间，如果突然断电，我们将前功尽弃。

（3）在拍摄中途不小心碰到了三脚架，也会直接导致拍摄失败。

以上就是长时间曝光拍摄星轨的很多不足之处。随着后期软件功能的强大，像星轨这类题材，我们就可以通过堆栈得到了。

首先，在Photoshop当中选择"文件"－"脚本"菜单，并在最终子菜单中选择"统计"菜单命令，然后在打开的"图像统计"界面中单击"浏览"按钮载入堆栈素材，最后单击"确定"按钮就可以得到堆栈的星轨了

光圈f/1.8，快门速度1/160s，焦距85mm，感光度ISO100

学习摄影后期的两大敲门砖

学习数码后期，捷径是没有的！生硬地记住许多后期案例也几乎没有任何用处。如果没有一定的理论基础支持，你记住的后期案例就没有可移植性，换一个场景你依然会有无处下手的感觉。

要想真正掌握数码后期技术，就应该从最基本的照片明暗、色彩控制原理开始学习。

15.1 明暗影调

256级亮度、影调层次与直方图

照片中会存在最亮的区域、一般亮度的区域和暗部区域。如果一张照片只有亮部像素而没有暗部像素，或是只有暗部像素而没有亮部像素，那你肯定会感到不舒服。只有影调层次合理的照片才会好看，给人舒服的感觉。

照片上暗部的像素属于暗部区域，亮部的像素属于亮部区域，而介于暗部区域和亮部区域之间的大部分像素属于灰调区域。灰调区域是非常重要的，它用于表现照片大部分的细节，并可以在暗部区域和亮部区域之间形成平滑的过渡，这样照片的明暗层次才会丰富起来、细腻起来。

左图暗部像素和亮部像素都非常明显，画面中只剩下纯黑像素和纯白像素，几乎没有灰调像素，恐怕只能说这仅是一幅图像了，没有灰调，没有细节。右图除了纯黑像素和纯白像素之外，还出现了一些灰调像素。这些灰调像素起到了两个作用：一是让纯黑像素和纯白像素的过渡平滑起来，不再是那么跳跃；二是灰调像素提供了大量的画面细节。虽然画面依旧不够理想，但相对前一张照片却变好了很多。

再来看另外一种效果。下面的照片中，亮部区域没有那么白，暗部区域也不是纯黑。照片大部分的像素都集中在了灰调区域，这些灰调像素呈现出了大量的细节内容，并且让照片的层次过渡平滑、自然。这样，这张照片就可以称之为一张漂亮的人像摄影作品了。

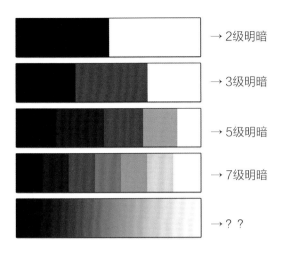

→ 2级明暗

→ 3级明暗

→ 5级明暗

→ 7级明暗

→ ？？

从上面的三个图，你可以学到下面两条知识。

（1）照片中灰调像素用于呈现大量的内容细节。

（2）明暗影调层次应该是从暗到亮平滑过渡的，不能为了追求高对比的视觉冲击力而让照片损失大量中间灰调像素的细节。

纯白像素和纯黑像素，只有两级的明暗影调层次；在中间出现大量灰调像素后，明暗影调层次就多了起来。

示意图中的上面4行分别代表2级、3级、5级、7级明暗影调层次，第5行则有非常多的明暗影调层次，让画面从最暗到最亮实现了明暗影调层次的平滑过渡

那究竟是多少级不同的明暗影调层次，才让照片实现了平滑过渡呢？答案为 0 ~ 255，共 256 个级别。也就是说，无论是计算机操作系统，还是后期软件中，大部分照片的明暗影调层次都有 256 个。（用 8 位的二进制来存储数据，那最多就能存储 2^8 即 256 个数值）

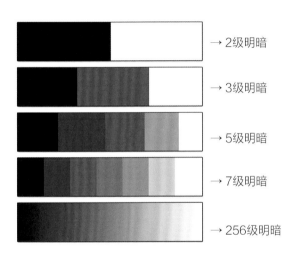

→ 2级明暗

→ 3级明暗

→ 5级明暗

→ 7级明暗

→ 256级明暗

一张照片，既可以说是有 256 个明暗影调层次，也可以说是有 256 级亮度，纯黑像素的亮度为 0，纯白像素的亮度为 255，那中间亮度值就是 128 了。

上述我们的介绍，是以黑白照片和示意图为例来说明的，但当前是彩色摄影的时代，那么彩色照片是否也能套用这种明暗影调层次的变化规律，是否也是有 256 级亮度（或说是明暗影调层次）呢？很明显是的！以蓝色为例，从图片中间向右延伸，蓝色逐渐变浅，到最右侧后已经变为了纯白色；逐渐向左延伸，蓝色逐渐变深，到最左侧后已经变为了纯黑色。也就是说，蓝色也是分为 256 级亮度，有 256 个明暗影调层次的；以此类推，红色、黄色等色彩也是如此。

我们了解到照片有 256 级亮度，这有什么重要意义呢？怎样与数码后期相关联？这会涉及数码后期最核心的一个知识点——直方图！

打开一张照片，在 Photoshop 主界面右上角的直方图面板中就有一个直方图。此时，照片与直方图是严格对应的关系。

Photoshop 主界面显示的这个直方图很"花哨"，显示了红色、青色、蓝色、黄色、绿色、洋红色，以及一种接近军绿色的直方图。这样看起来非常复杂，不利于我们分析照片的明暗影调层次，因此我们可以先对这个直方图进行配置，配置为一种黑白的直方图。先在直方图面板右侧点击点开下拉列表，在菜单中选择"扩展视图"，然后在直方图的通道列表中选择"明度"，这样就显示为黑白的明度直方图。

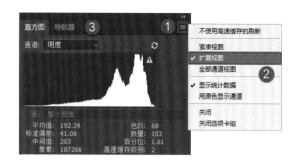

将直方图左边的竖线和下方的横线当作两条坐标轴。横轴 x 表示照片的亮度分布，从左向右，由纯黑色过渡到纯白色，即最左侧为照片中的纯黑色，亮度为 0；最右侧为照片中的纯白色，亮度为 255；中间为过渡区域。竖轴 y 代表什么呢？答案是对应亮度的像素值。

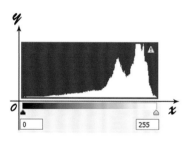

之前我们打开的人像照片，暗部像素很少，从直方图中可以看到，x 轴的左半部分即暗部区域的 y 值很小，即暗部像素很少；x 轴的右半部即亮部区域的 y 值普遍很大，即亮部像素很多。也就是说，直方图是与照片的明暗分布一一对应的。

直方图是Photoshop的核心功能，在Photoshop主界面、"色阶"对话框、"曲线"对话框中均有显示。除此之外，直方图还被内置到相机中，前期拍摄照片时，摄影者可以通过观察直方图来判断自己照片的曝光情况。人眼观察照片明暗，未必准确，因为每台计算机的显示器性能都不同，你观察照片时的环境光线也会大有差别，这都会对人眼造成干扰，让你无法准确地把握照片的明暗影调层次。有了直方图则不同，你可以对照直方图，结合着照片，最终准确地把握拍摄时的曝光设定，也能把握后期处理时的明暗影调层次调整程度

"色阶"修片

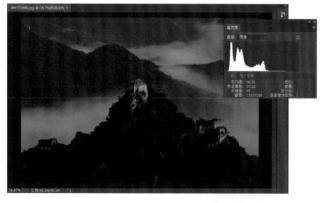

有关于直方图具体的形状对应着怎样的画面效果，在前面的曝光一章中已经详细介绍过了，这里不再赘述。我们下面来看怎样借助于"色阶"对话框来处理照片。打开照片，将直方图面板拖动到方便观察的位置。从直方图中可以看到，照片暗部像素并没有触到左侧边线，并且亮部像素较少，再结合照片画面就可以判断这张照片的问题是缺乏暗部像素和亮部像素。

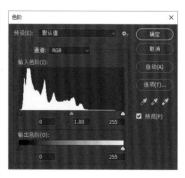

对照片的调整主要是在"图像"—"调整"的子菜单内，因此我们单击打开"图像"菜单，选择"调整"选项，然后在打开的子菜单中选择"色阶"选项。这样可以打开"色阶"对话框。(操作熟练之后，可以不必使用菜单操作，直接按 Ctrl+L 组合键即可打开该对话框)

306

在"色阶"对话框中，我们要重点关注输入色阶、输出色阶、自动和预览这4个功能。

输入色阶：对应我们刚打开的原照片，进行影调的调整时，要通过拖动底部的三角滑块来进行。比如说，我们将白色滑块向左拖动，此时的输入值（亮度值）为100，而输出色阶中的白色滑块亮度为255，这就表示将原照片（输入）亮度为100的像素都提亮为了255，即对照片的亮部进行了提亮操作。

输出色阶：主要用来定义照片最暗和最亮的值。正常来说，照片最暗的像素亮度是0，最亮的是255。假如将输出色阶的黑色滑块设定为50，即将原照片最暗的像素提亮为50，将白色滑块定义为200，就表示将原照片原本最亮为255的像素压暗为了亮度值200，这样最终照片的动态范围就被压缩在了50～200，肯定是很小的。由于是强行将像素提亮或压暗，因此色彩会失真，这样调整后的照片往往不会好看，所以我们很少使用输出色阶这个功能。

自动：指由系统自己判定照片的明暗，并进行自动的优化。自动优化的效果有时还不错，但如果你学会了直方图的使用技巧，那就可以按照自己的想法对画面进行调整，就没必要使用自动调整功能了。

预览：调整完照片后，分别勾选和取消勾选该选项，就可以对比调整前后的照片效果了。

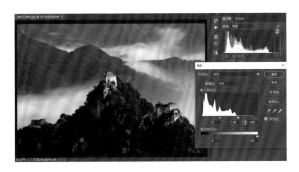

在"色阶"对话框中向左拖动白色滑块，拖动到什么程度呢？拖动到可以确保Photoshop主界面的明度直方图右侧像素触到边线且没有堆积的位置，就是最佳效果。（要注意随时取消高速缓存）调整过程如左图所示，即我们将原照片中亮度为168（输入色阶）的像素提亮为255（输出色阶），这样照片肯定就变亮了。为什么是168呢？因为原照片中最亮的像素就是168，如果原照片有亮于168的像素，那明度直方图右侧就会出现像素堆积了。

观察照片也可以发现，亮部变亮，且没有出现高光溢出。

接下来按照同样的方法，对原照片的暗部（输入色阶）进行调整。向右拖动黑色滑块并随时观察Photoshop界面的明度直方图，拖动到可以确保明度直方图左侧像素触到边线且没有堆积的位置，就是最佳效果，调整过程如左图所示。

观察照片可以发现暗部的影调层次也足够理想了。至此，照片整体上的反差变大，影调层次也变得丰富起来。在大多数情况下，我们只要分别对照片的亮部和暗部进行色阶的调整，那照片的明暗影调层次就能得到很好的优化。

小提示　上述我们的调整过程是最准确的，事实上在大多数情况下，我们的调整并没有这样精确，但却会快速很多。往往是快速拖动滑块滑动，且很快就能从明度直方图判断出调整是否到位。

再来看输入色阶下面的中间灰色滑块。这个灰色滑块主要用于对应照片中间调区域的明暗走向，也可以说是在不影响照片高光和暗部的前提下改善照片的对比度。灰色滑块位于偏左位置时，照片整体偏亮，对比度变低；灰色滑块位于偏右位置时，照片整体变暗，对比度变高。

这时只能靠着自己的视觉感受去调整。中间调的控制与屏幕的准确率有极大的关系，如果你的显示器经过了专业校准，那你就可以比较合理地掌握整个图片的中间调，否则很有可能就是只能靠视觉感受，在盲目地调整。

现在我们将中间调滑块向右拖动到0.9时，感觉照片的效果比较理想，然后单击"确定"按钮，这就完成了照片全部的明暗影调层次调整，如左图所示。

这样，我们就可以对比照片调整前后的效果了，左图为调整前的效果，下图所示为调整后的效果。

上述利用直方图进行影调调整的方法，无法追回 JPEG 照片已经损失掉的细节，但可对照片的整体影调进行优化处理。如果照片的亮部细节已经溢出，变为死白一片，那么我们是无法通过调整"色阶"对话框中的高光滑块进行修复的。同样的道理，如果暗部细节已经溢出，那表示照片的暗部已经变为死黑，我们同样也无法进行修复，追回最暗处的细节。（我们已经介绍过，如果改变输出色阶，那属于强行渲染亮部和暗部，像素会失真，并不会追回来溢出的像素细节）

另外，这种对色阶直方图进行的基本调整，只能是对照片整体上的一种影调处理。在实际应用当中，是无法满足对影像进行精细控制的要求的。

"曲线"修片

1. 深度理解曲线

在 Photoshop 甚至是整个的数码照片后期领域，曲线都是大家频繁听到的名词。在明暗处理方面，借助于"色阶"对话框，往往无法精细控制局部的明暗，但却可以借助于"曲线"对话框来实现。打开一张照片后，在"图像"—"调整"菜单内，选择"曲线"选项就可以打开"曲线"对话框，如右图所示。

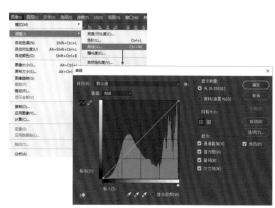

"曲线"对话框中间显示出了所打开照片的直方图。（如果我们在对话框右半部分取消勾选"直方图"复选框，则中间的直方图不会显示）直方图上有一条 45° 的斜线段，在这条线段上的随便一个位置点击鼠标，都会产生一个锚点，这个点对应了一个坐标值，如左下图所示，锚点处的输入值为 90，输出值也为 90。这是什么意思呢？输入是指原照片的亮度值，输出则是照片处理后的亮度值。这里我们只是打开了照片，还没有处理，所以输入值和输出值是一样的。

鼠标点住该锚向上拖动，你会发现斜线变为了弧形的曲线，坐标值也相应地发生了变化（输入 x 为 90，输出 y 为 150），如右下图所示。此时，我们已经对照片进行了调整，输入值没变，但输出值变为了 150。什么意思呢？这表示原照片亮度为 90 的像素，此时已经变为了 150 的亮度，即照片整体变亮了。

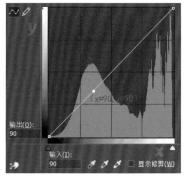
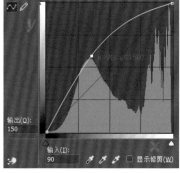

小提示　在曲线上的任何一个锚点，如果 y（输出值）比 x（输入值）大，那说明你对照片的对应位置进行了提亮处理；反之，则说明你对照片的对应位置进行了压暗处理。

在照片当中，针对亮度为 90 的像素，向上拖动锚点，将其亮度变为 150 后，照片整体变亮。此时的照片画面、曲线形状、明度直方图效果如右图所示。

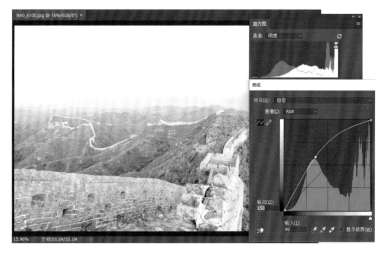

无论是向上调整曲线让照片变亮，还是向下调整曲线让照片变暗，观察曲线可以发现，调整曲线时变化最大的始终都是中间的部分，对应着中间灰调。曲线的左下角对应着画面的最暗部；曲线的右上角对应着画面的最亮部。这两个区域的变化幅度是较小的，这样有一个好处，那就是不容易让暗部和亮部出现像素损失的问题。

无论从哪个角度来看，显然这都不是我们想要的结果。如果要将曲线恢复原状，其实是很简单的，鼠标点住锚点不放，拖动到曲线框之外后松开鼠标，即可将锚点消除掉，这样照片就恢复了原状。

此外，还有一种更为简单的方法，只要按住键盘上的 Alt 键，这时"曲线"对话框中的"取消"按钮就会变为"复位"，如下图所示，点击"复位"按钮就可以让照片恢复原状了。

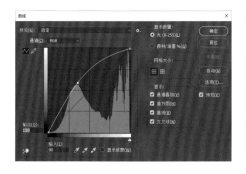

小提示　点住锚点向曲线框外拖动，释放后扔掉，这样将逐个锚点一一消除，显得有些麻烦；按住 Alt 键再点击"复位"按钮则可以一步让照片恢复原始状态。这样看仿佛是"复位"按钮更好用，但事实并非这样。一条曲线上最多可以创建 14 个锚点，不同锚点均有各自的调整效果，扔掉其中一个后其他锚点仍然存在；如果按"复位"按钮却会将曲线上所有的锚点都消除掉。所以说，这是两种不同的还原思路，调整时可根据实际需要来选择。

2. 完全掌控曲线

在学习过曲线的一般技术原理后，下面我们来介绍曲线的使用技巧。曲线调整最基本的方法是这样的：先创建锚点，再拖动锚点进行调整。

将鼠标移动到照片上，可以看到光标变为了吸管形状。按住 Ctrl 键，在这个位置点击，此时你会发现曲线框内的基线上出现了一个锚点，如右图所示。这样该锚点就对应着我们在照片中用吸管点击的位置，接下来就可以对该位置进行调整了。

本例中，我们看到创建锚点的山体、林木部分，最好是能够暗一些，因此向下拖动锚点，让照片的暗部变暗。此时，再观察天空部分，你会发现天空有些偏暗，所以将鼠标移动到天空部分，按住 Ctrl 键点击，创建一个锚点，然后向上拖动这个锚点，让天空部分也变亮。照片的后续处理，就可以根据我们介绍的这种锚点创建方法，创建多个锚点，针对照片不同的局部区域进行精确调整。

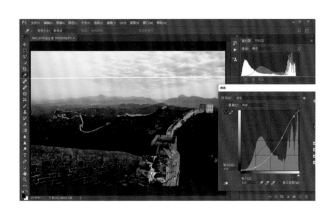

最终，照片创建的锚点、调整方向、明度直方图及照片效果就如左图所示。此时，可以看到画面影调层次丰富，并且作为主体的长城也非常醒目、突出。

小提示 要注意，在使用曲线的锚点进行照片调整时，要避免锚点过于密集。如果锚点与锚点之间距离过近，那么在调整时，很容易产生色调分离的问题，调整结果就会失真，因此在控制曲线时一定注意锚点不要太密集，要形成平滑的曲线。

3.重点：目标选择与调整

在画面中找到要调整的位置，按住 Ctrl 键点击，即可在曲线上生成对应的锚点，然后对锚点进行调整。这种处理方法比较标准，但操作衔接却不够流畅，显得烦琐了一些。在"曲线"对话框中对照片进行影调处理，有一种操作更为简单、更加好用的方法：使用"目标选择与调整工具"。

打开一张照片，打开"曲线"对话框，点击"小手"（即"目标选择与调整工具"），激活该功能，如右图所示，然后将鼠标移动到照片中要调整的位置点击，先不要松开鼠标。你可以看到虽然没有按 Ctrl 键，但已经在曲线上生成了对应的锚点，神奇之处不止于此。确定你还没有松开鼠标，直接在照片内拖动：向下拖动就会让点击的位置变暗；向上拖动则会变亮。观察曲线内的锚点，会发现它也是相应地向下或是向上移动的。这样就可以直接对目标位置进行明暗调整了。

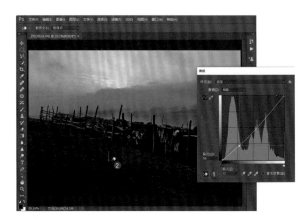

接下来,我们开始对这张照片进行全面的调整。先按住 Alt 键点击"复位"按钮,然后将照片恢复到原始状态。观察曲线中间的直方图可以看到,照片的亮部不够亮,缺乏像素,如右图所示。

第一步要考虑先将照片的亮部像素调整到合适的程度。在曲线对话框中,向左侧拖动白色滑块(或者是鼠标点住右上角的锚点,向左拖动),并随时观察 Photoshop 主界面的明度直方图,让亮部像素刚好触及右侧边线且没有堆积,如右图所示。这样,就将照片的亮部调整到了合理的亮度。

分析此时的照片画面,你会感觉照片各处的亮度都差不多,明暗影调层次太单调了。处理时我们可以考虑突出两个目标:一是栅栏内的牛群;二是天空的光线。突出目标的手段应该是这样:尽量确保天空和牛群的亮度不变,而降低周边环境的亮度,这样既可以丰富画面的明暗影调层次,又可以让处于亮部的天空和牛群醒目而突出。

点击选中"目标选择与调整工具",将鼠标移动到前景的草地上,点住向下拖动将这部分压暗,如右图所示。

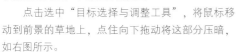

确保依然选中"目标选择与调整工具",接下来恢复牛群部分的亮度。将鼠标移动到牛身体上浅色的部分,点住后向上拖动提亮。此时的操作过程与照片画面效果如右图所示。

鼠标移动到牛群与天空中间的部分，点住向下拖动，降低这部分的亮度。注意：因为此时生成的锚点与对应的锚点距离较近，所以在向下拖动远景的锚点时幅度不宜过大，否则会让曲线不够平滑，画面效果失真。此时调整的过程与画面效果如右图所示。

至此，照片大致调整完毕。点击"确定"按钮返回软件主界面后，再将照片保存就可以了。照片调整前后的效果对比如左图和下图所示。

效果图

可以看到，利用"目标选择与调整工具"对曲线进行调整，可以快速、准确地对照片明暗影调层次进行精确调整。数码后期中，在对照片明暗影调层次调整时，主要就是使用"曲线"对话框中的"目标选择和调整工具"来完成处理。

其他工具或思路

对照片影调层次的处理，主要的工具就是色阶、曲线和阴影／高光这三种。此外，在Photoshop中还有亮度／对比度以及曝光值调整等几种调整工具。这里我们分别进行一下简单的说明。

在通常情况下，"亮度／对比度"调整是一些初学者在没有掌握曲线等工具时的无奈之选，因为这款工具非常简单，可以快速地对照片的整体影调进行处理。打开照片，在"图像"—"调整"菜单内选择"亮度／对比度"菜单命令，即可打开"亮度／对比度"对话框，如右图所示。

该对话框中，"亮度"调整类似于在"曲线"对话框中简单地向上拖动或向下拖动曲线；"对比度"调整则类似于建立S形曲线，可以提高照片中间灰调区域的对比和反差，能够在一定程度上美化照片整体的影调效果，如右图所示。仅止于此，即亮度和对比度功能是比较单一的，无法实现对照片局部影调进行处理的功能。

在"亮度／对比度"对话框中，请不要勾选"使用旧版"，否则稍稍提高对比度，就容易造成照片亮部或暗部的溢出，损失细节。

相对来说，"图像"—"调整"菜单内的"曝光度"命令则比较鸡肋，因为对于一般的JPEG格式照片来说，由于不是原始照片格式，并且位深度不够，一旦改变曝光值，照片就会损失大量的亮部或暗部细节，因此在摄影后期中很少使用这一功能。

15.2 调色

色相与混色原理

色相是我们通常说的不同色彩种类，例如红色就用红色相来描述，绿色就用绿色相来描述……

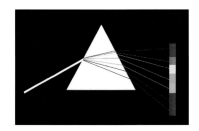

自然界中的色彩来源于太阳光线。太阳光线是没有颜色的，往往用白色来代替。经过实验，人们发现可以将太阳光线进行分解，最终分解出了七色光谱，分别为红色、橙色、黄色、绿色、青色、蓝色、紫色。这可以通过三棱镜进行分解证实。这种分解的原理非常简单，是利用不同光波折射率不同而实现的，如右图所示。

如果对已经被分解出的 7 种光线再次逐一进行分解，可以发现红色、绿色和蓝色光线无法被分解，而其他 4 种光线橙色、黄色、青色、紫色又可以被再次分解。分解的结果很有意思，最终也分解为了红色、绿色和蓝色这三种光，所以红色、绿色、蓝色也被称为三原色。三原色叠加、分解的主要规律如下，也可以用右图来表示。红色 + 绿色 = 黄色

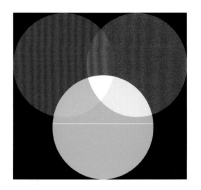

绿色 + 蓝色 = 青色

红色 + 蓝色 = 洋红色（即粉红色、品红色）

红色 + 绿色 + 蓝色 = 白色

最终，则可以得出"黄色 + 蓝色 = 白色""绿色 + 洋红色 = 白色""青色 + 红色 = 白色"的结论。

三原色色彩叠加的示意图并不够全面，也不便于记忆。为了更好地描述色彩叠加原理和记忆，所以有了右图所示的色轮。对于色轮，我们能看到以下规律。

（1）色彩是逆时针按照红色、橙色、黄色、绿色、青色、蓝色、紫色（洋红色）这个顺序排列的；

（2）红色与绿色之间就是它们能混合出的黄色，红色和蓝色之间就是它们能混合出的洋红色，蓝色和绿色之间就是它们能混合出的青色；

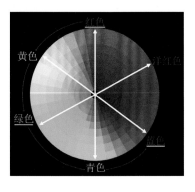

（3）色轮上相邻的色彩彼此称为相邻色；位于一条直径两端的色彩为互补色，互补的两种色彩叠加出白色。

在后期软件中，几乎所有的调色都是以互补色相加得到白色这一规律为基础来实现的。例如，照片偏蓝色，那表示场景是被蓝色光线照射，拍摄的照片自然是偏蓝色的。调整时我们只要降低蓝色，增加黄色，让光线变为白色拍摄的照片色彩就准确了。这便是最简单、直接的后期调色原理。

另外，读者还需要掌握以下两条非常重要的规律。

（1）相邻配色的照片，色彩之间有些相似，搭配看起来会非常自然、协调，给人安静、舒适的感觉，如左上图所示。但如果控制不好可能会缺乏层次感。

（2）互补配色的照片，色彩差别很大，这种强烈的色彩反差会让照片看起来视觉冲击力十足，如蓝色天空与黄色的地面景物相配，就是明显的互补配色，如左下图所示。

纯度与色彩浓郁度

纯度也称为饱和度，两者是同一个概念，至少在色彩领域没有区别，并且在摄影圈里大家对"饱和度"这一概念的认知程度肯定是更高一些的。如果非要在两个概念之间找些区别，那就是"纯度"的延伸意义要更多一些，例如我们可以称呼某些液体纯度的高低等。

虽然大家的认知程度不高，但用纯度来描述色彩，也是很贴切的。因为色彩饱和度的高低就是以色彩加入消色（灰色）成分的多少来界定的。在色彩中不加入消色成分，那色彩自然是最纯的，即饱和度也最高；加入消色成分越多，那色彩也就越不纯，即饱和度也就越低。从示意图可以看到，色彩饱和度自上而下开始变低，也是因为自上而下掺入的灰色开始变多的缘故。

在数码照片中，高饱和度的景物往往能给人强烈的视觉刺激，很容易吸引到注意力。低饱和度的景物给人的感觉会平淡很多，不容易引起观者的注意力，但并不是说照片的饱和度越高越好，后期修片时往往还要适当降低饱和度，因为饱和度较高时，画面虽然艳丽，但却会让景物表面出现色彩溢出，损失细节层次，也不耐看；低饱和度照片虽然色彩不够浓郁，但却更容易表现出细节层次，更容易增强画面的视觉冲击力。建筑、纪实、人像等题材的照片，要求必须能够让对象表面呈现出更多的细节纹理，故不能进行高饱和度处理，如左下图所示，而风光、花卉等题材，色彩的表现力尤为重要，通常色彩饱和度会稍高一些，如右下图所示。

明度与影调层次

色彩三要素的最后一个概念是明度，顾名思义，是指色彩的明亮程度，也可以说是色彩的亮度。在色彩中加入灰色，会让色彩饱和度降低，那如果加入黑色或是白色呢？同样地，饱和度也会降低。除此之外，色彩的明暗程度还会发生变化。如左下图中间一行色彩所示，我们列出了红色、橙色、黄色、绿色、青色、蓝色、紫色这 7 种色彩。每种色彩加入白色（图中向上的变化），你会发现色彩明显变亮了；如果加入黑色 (图中向下的变化)，那你会发现色彩变暗了。这就是色彩明度 (亮度) 的变化。

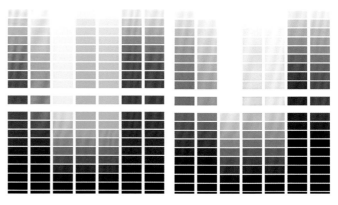

因为彩色图的效果并不明显，转为灰度图，如右侧第二张图所示，此时你就会发现：黄色的亮度最高，青色的亮度稍低，橙色和绿色的亮度再次之；其他色彩的亮度更低。最后经过仔细对比，可以发现色彩的明度由亮到暗依次是黄色、青色、绿色、橙色、红色、紫色、蓝色。

如果我们在原有的色彩中加入白色，随着加入白色越多，该色彩明度也会变得越亮，最后很快就变为了纯白色（图中向上的变化）；如果加入黑色，随着加入黑色越多，该色彩明度也会变得越低，最后变为了纯黑色（图中向下的变化）。

色彩明度变化体现在实际的照片中，你可以很清楚地看到，黄色非常亮，红色就要暗一些，而蓝色是最暗淡的，如下图所示。对照前面得出的黄色系明度较高、蓝色系明度较低的结论，相信你也就明白了。

了解了色彩明度的概念和规律后，你就会明白，后期调色时会对照片的明暗影调层次产生一些影响。掌握了这种明度变化规律，那就会有助于后期调色时对照片明暗影调层次的控制。

色彩平衡

对一般风光题材进行调色时，"色彩平衡"工具是非常好用的。这种工具简单、易用，功能强大。如果对照片调色的精度要求不是太高，并且要求快速调整，那可以考虑使用这个工具。

下面我们通过具体的案例操作，来介绍"色彩平衡"工具的使用技巧。打开的照片如右图所示，可以看到照片是偏蓝色、偏紫色的。

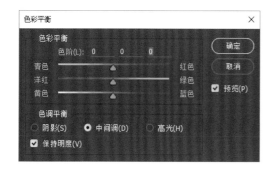

在 Photoshop 中打开照片后，在"图像"菜单中选择"调整"菜单项，在打开的子菜单中选择"色彩平衡"菜单项，即可打开"色彩平衡"对话框，如左图所示。

在"色彩平衡"对话框中，首先要注意的是青色 - 红色、洋红 - 绿色、青色 - 蓝色这 3 组相对的色彩（这 3 组参数的选择是有讲究的，即这是针对三原色与其相对色彩的调整）。色彩平衡对话框中每组相对的色彩都是位于色轮直径两端的色彩，是两两互补的。互补的两种色彩混合后会变为白色。

以青色 - 红色为例，假如一张照片偏青色，那是因为青色过多、红色过少的缘故。我们只要增加红色，就相当于减少青色，让青色和红色的混合比例发生改变，这样照片就会逐渐变为白色光线下的正常色彩。

照片并不仅是只有"青色 - 红色"这一组色彩组成的，因此需要通过调整 3 组相对的互补色来对整个照片色彩进行调整。只要分别将这 3 组色彩都调整到位，那么照片色彩也就调整到位了。

之所以说"色彩平衡"调整功能强大，还在于该功能可以分别对照片中的亮部、中间调和暗部进行调色。对话框底部的"阴影""中间调"和"高光"这 3 个选项就分别对应着亮部区域、中间调区域和暗部区域。如果我们要对照片中较亮的区域进行调色，那要提前选中"高光"选项，再进行色彩滑块的拖动。同理，中间调和暗部的调整也是如此。

回到所打开的照片上来，因为照片整体偏蓝色、偏紫色，所以我们先对影响照片最明显的中间调开始调整。确保底部选择了中间调选项，然后降低蓝色，并适当降低红色，这样照片就不再偏紫色了。参数调整及照片效果如上图所示。

经过对中间调调色后，可以发现照片中的天空部分不够蓝，不够清澈，而天空又属于照片的亮部，因此我们先选中"高光"选项，再轻微降低红色增加青色，并适当增加蓝色，这样天空会变得更加清澈。由于中间处于光线照亮部分的树木有些偏红色，因此适当降低洋红色以增加绿色，这样会让林木的色彩更加真实。参数调整及照片效果如右图所示。

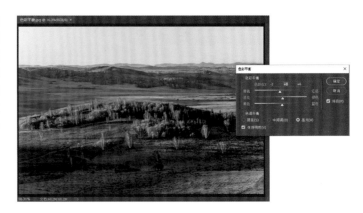

其实，至此照片基本上就调整完成了。针对本例我们没有必要对阴影部分进行过多的干涉，但可以看到"色彩平衡"对话框底部有一个"保持明度"复选项。我们知道，照片色彩调平衡后，是趋向于让景物显示在白色光线下的效果，那照片就会变明亮一些，但如果我们勾选了"保持明度"复选项，就表示让我们调色后的照片依然保持原照片的明度，不会变得过于明亮。从右图的效果你也可以看到，取消勾选该选项后，照片是变亮了一些。

在一般情况下，应该勾选这个复选项，但也并不是绝对的。本例中我们取消勾选后，照片就变得更加漂亮了。

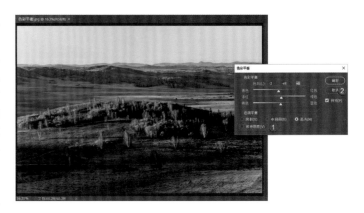

这样，照片就最终处理完成了。处理前后的效果对比如右图和下图所示。

原图

效果图

曲线调色

利用"色彩平衡"调整可以快速校正一些偏色的照片，并可以分别对亮部、暗部和中间调进行调整，非常好用，但如果说到更强大、更高精度的调色工具，则非曲线莫属。

本节我们通过具体的照片来介绍曲线调色的技巧。首先，打开案例照片，可以看到照片天空与水面部分的色调是不一致的，天空偏紫色，水面偏青色，如右图所示。

在"图像"菜单中选择"调整"菜单项，在打开的子菜单中选择"曲线"菜单项，打开"曲线"对话框，如下图所示。

在"曲线"对话框的通道下拉列表中有 4 个通道。其中 RGB 是复合通道，对应着曲线对话框中的黑色基线，用于调整照片的明暗。此外，还有红、绿、蓝 3 个通道，分别对应着红、绿、蓝单色基线，用于调整照片中红色、绿色、蓝色色彩的数量比例。举个例子来说，若在通道中选定绿通道，曲线就变为了绿色基线。向下拖动这条基线，即可让照片中的红色比例下降。根据我们学过的色彩混合原理（洋红色＋绿色＝白色，降低绿色就相当于增加洋红色），这样照片就会变得偏洋红色了。

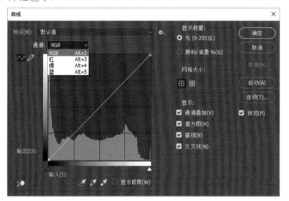
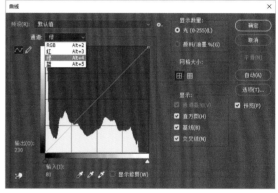

回到本例所要处理的照片上来。因为天空同时包含着高光、阴影与中间调，如果我们用"色彩平衡"来进行调整，那会容易让天空的各部分都出现色彩的断层，而使用曲线对天空的区域进行调色，效果会更理想。因为天空偏紫色，而紫色是由蓝色与红色混合而成的(色轮上介于蓝色与红色中间，从这个规律可以大致判断出一些混合色的来源)，那我们降低红色，就可以让天空区域的紫色减轻，同时还会让天空偏一些青色，效果更好。

具体调整时，在通道中选择红通道，这样曲线就变为了红色基线。在对话框左下角点击选中"目标选择与调整工具"，即对话框左下角的小手图标，将鼠标移动到天空偏紫色的位置，此时光标为吸管状态，但如果点击点住鼠标向下拖动，就会变为小手的图标，而且拖动时还可以发现红色曲线会生成锚点，并发生了向下的弯曲，相当于降低了红色，照片画面的紫色变轻，如右图所示。

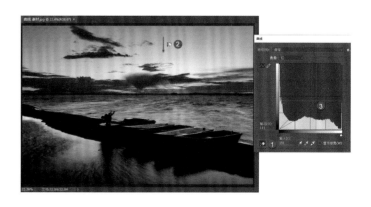

天空的紫色降下来之后，你会发现水面部分也受到干扰变得有些偏绿色。在"曲线"对话框中有绿通道，这就简单了，只要选择绿通道，适当降低水面部分的绿色就可以了。具体操作时，选择绿通道，这样曲线就变为了绿色基线，选择"目标选择与调整工具"，将鼠标放在水面严重偏绿色的位置，点住向下轻轻拖动，就可以解决这部分偏绿色的问题了，如右图所示。

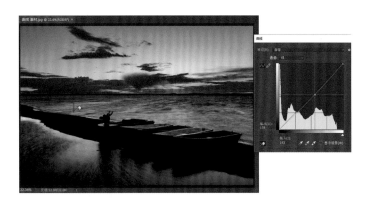

至此，照片天空与水面两者的色彩就协调了起来，但仔细分析照片你会看到，作为主体的游船有些偏暗，没有从画面中"跳"出来。我们可以适当提亮这部分，让其变得醒目、突出。在通道中切换回 RGB 通道，继续选中"目标选择与调整工具"，将鼠标放在游船上，点住向上拖动，即可调亮这部分，如右图所示。

因为曲线是平滑的，所以相应的其他部位也会变亮，如天空部分就同时被提亮了。这时可以将鼠标移动到天空位置，点住向下拖动，适当将天空的亮度追回一些，然后再用同样的方法适当压暗游船周边的一些景物。最终调整后的曲线和画面如右图所示。

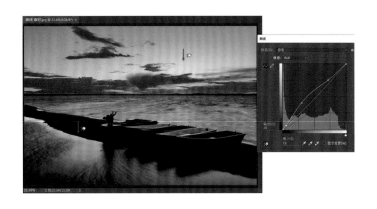

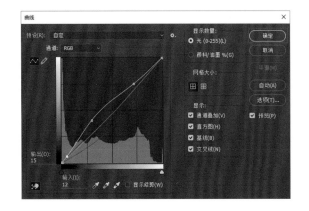

至此，照片就基本调整完了。单击"确定"按钮可以返回软件主界面，如左图所示。在此时的"曲线"对话框中，我们可以清楚地看到调整后的单色曲线和 RGB 复合曲线形状。本例的调整还是比较简单的，对单色通道调整时只对一个位置（该单色曲线上只使用了一个调整锚点）调色就达到了要求，但在实际的应用当中，选中某个单色通道后，可能需要像对 RGB 复合通道的调整那样，对多个位置进行调整才能满足要求。

　　如果对照片比较满意了，那在"文件"菜单中选择"存储为"菜单命令，将照片保存即可。照片调色前后的效果对比如右图和下图所示。

原图

效果图

　　曲线调色是非常专业和有效的工具，在以后的数码后期过程中，不妨尽量多尝试使用这款工具进行调色。在本书后续的众多实战案例中，无论是调明暗还是调色，我们也都将主要使用曲线工具操作完成。

总结

　　除色彩平衡和曲线这两种工具之外，Photoshop 当中还有可选颜色、色阶图、色相 / 饱和度等多种功能设定都可以进行调色处理。只要你掌握好了混色的基本原理，那几乎所有的调色功能就都不再是问题了。

▶ 光圈f/1.8，快门速度1/160s，焦距85mm，感光度ISO100

Adobe Camera Raw 核心技法

相机拍摄的RAW格式照片，保留了摄影者创作时的所有原始数据，没有经过优化或是压缩而造成细节损失，所以特别适合作为后期处理的底稿使用。我们可以这样认为，相机拍摄的RAW格式照片用于进行后期处理，最终转为JPEG格式照片用于在计算机上查看和网络上分享，这两种格式是绝配！

在几年以前，计算机自带的看图软件往往是无法读取RAW格式文件的，并且许多读图软件也不行（当然，现在已经几乎不存在这个问题了）。从这个角度来看，RAW格式的日常使用是多么不方便。在Photoshop软件中，RAW格式需要借助于特定的增效工具Adobe Camera Raw插件中来进行读取和后期处理。具体使用时，将RAW格式照片拖入Photoshop软件，会自动在Photoshop软件内置的Adobe Camera Raw（简称ACR）插件中打开。ACR的作用是针对摄影者拍摄的RAW格式原片（如佳能的CR2格式、尼康的NEF格式等）进行专业化的处理。当然，即便是JPEG等格式，也可以使用ACR来处理。

仅从数码照片的一般处理来看，相比于Photoshop软件自身，ACR可能是更好用的，照片明暗、色彩、画质等的所有调整，都集成在了简单的工具界面，能够进行一站式的集中处理，简单、方便。

16.1 在ACR中打开各类照片

将相机拍摄的照片导入计算机后，如果想要进行后期处理，那就可以在 Photoshop 等软件中进行调整了。如果要使用 ACR 进行处理，通常需要特定的方法进行打开。

借助Bridge平台载入

如果正在用 Bridge 中浏览照片，无论此时正在浏览的是 RAW 格式还是 JPEG 等格式，要将其载入 ACR 中进行处理，都是非常简单的。只要右键点击想要打开的照片，在弹出的快捷菜单中选择"在 Camera Raw 中打开……"选项，即可将照片载入 ACR 进行处理，如下图所示。

小提示 有时在快捷菜单中选择"在 Camera Raw 中打开……"，会提示错误，无法打开 JPEG 格式照片。这多是因为用户使用的是绿色免安装的 Photoshop 软件，或是 ACR 版本不够高，还没有采集新型相机的照片格式信息；还有可能是因为破解版的 Photoshop 中"amtlib.dll"文件与 Bridge 中的该文件不一致。

直接拖入RAW格式

如果没有在 Bridge 中浏览照片文件，要将 RAW 格式载入到 ACR 中也是非常简单的。只要先打开 Photoshop，然后鼠标点住 RAW 格式文件，拖动到 Photoshop 工作区后再释放鼠标，如右图所示，即可将该 RAW 格式文件在 ACR 中打开。

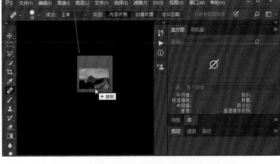

打开JPEG格式

同样是没有在 Bridge 中浏览照片，如果要在 ACR 中打开 JPEG 格式照片，则有两种常见方式。第一种方式非常简单，只要在 Photoshop 的"文件"菜单中选择"打开为……"。此时会弹出"打开"对话框，在该对话框中找到 JPEG 格式照片，点击选中，然后在对话框右下角的照片格式中选择"Camera Raw"，最后点击"打开"按钮即可，操作过程如右图所示。

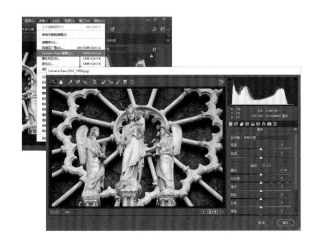

在 ACR 中打开 JPEG 格式照片的第二种方式更为简单，可以先在 Photoshop 软件中打开该照片，然后在"滤镜"菜单中选择"Camera Raw 滤镜（C）……"，即可将照片载入 ACR 当中。

利用"Camera Raw 滤镜（C）……"的方式打开 JPEG 格式照片，与其他方式不同，虽然我们仍然能够使用 ACR 的绝大部分功能，但在界面上方的工具栏中是没有照片裁剪功能的，在界面下方也没有照片尺寸调整的设定，并且界面右下角的"确定"等按钮的分布也不一样，如左图所示。

16.2 明暗、色彩与清晰度调整

在 ACR 中，对照片进行后期处理的功能主要是集中在右侧的多个选项卡。第一个为"基本"选项卡，点击该选项卡的标题栏，即可展开这个选项卡，其中有白平衡、色调和偏好 3 组调整参数。相对来说，基本选项卡内的多种滑块参数，是后期处理中最为常见、最为重要的一些选项。在此，我们能够对照片的白平衡、色温、色调、清晰度、色彩饱和度等参数进行调整，从而实现对照片表现力的基本优化。

白平衡与色温调色

1. 利用白平衡模式与色温调色

如果拍摄时相机的白平衡模式设置有问题，那照片整体是偏色的。如果你拍摄了 RAW 格式照片，在 ACR 中可以得到很好地校正，确保色彩还原准确。对照片白平衡的校正，最简单的方法是使用"基本"选项卡上方的白平衡下拉列表。调整时直接在白平衡后面的下拉列表中选择不同的白平衡模式即可。

如右图所示，这张照片我们拍摄为了 RAW 格式，校正白平衡时，只要在 ACR 界面右侧的"基本"选项卡上方的白平衡下拉列表中，根据现场的光线状态选择"日光"白平衡即可取得较好的效果。

设定白平衡后，如果感觉色彩不够理想，还可以调整下方的色温和色调参数。如果色彩偏暖，那就向左滑动色温滑块；反之，向右拖动。如果照片偏洋红色，则向左拖动色调滑块；反之，向右拖动即可。对照片色彩微调后的参数和照片效果如右图所示。

2. 利用中性灰校准白平衡，获取准确色彩

在 Photoshop 软件中，利用中性灰可以校准白平衡，而在 ACR 中同样集成了该功能，两者的原理是一样的，只是界面设置不同而已。在 ACR 顶部的工具栏中，第 3 个吸管按钮为"白平衡工具"，点击选中该按钮即可使用，如下图所示。具体使用时，需要寻找要校色照片中中性灰的像素位置，点击即可为照片定义好色彩参考标准，进而准确还原照片色彩。

ACR 中的白平衡工具使用难度稍大，因为我们无法再用阈值变化来查找中性灰的像素位置，这样就只能凭借自己的经验来确认了。如右图所示，选好白平衡工具后，在你认为是中性灰的像素位置点击，照片的色彩就会发生变化。因为这并不是特别准确的中性灰点，所以往往需要多定位几个中性灰的像素位置，进行色彩的对比，最终确定最佳的色彩还原效果。

光标确定的像素越接近中性灰，校准后的照片色彩也就越准确。确定中性灰像素后点击鼠标即可完成白平衡的校准，此时照片校色前后的效果对比如右图所示。

画面分层次曝光改善

对曝光值、白色和黑色色阶进行调整之后，照片的整体明暗影调层次就会得到修饰。接下来，可以对一些具体的暗部或亮部层次进行优化。因为我们提亮过白色色阶，加深过黑色色阶，所以照片的反差已经很大，这点从直方图也能看出来，但为了能够获得更丰富的明暗影调层次，我们仍然可以适当提高照片的对比度。调整的参数及照片效果如右图所示。

提高对比度后，照片的层次更鲜明，但观察直方图可以发现，暗部左上角的黑色滑块已经变白，这表示暗部出现了溢出，损失了像素细节，所以这时应该适当向右拖动阴影滑块，避免暗部溢出。为了避免天空的云层因为过亮而掩盖掉层次，所以我们应该降低高光，来丰富天空的层次。此时的参数调整及照片效果如下图所示。

阴影主要用于控制照片的暗部，提亮后可以发现照片中阴影部分的景物变得清晰起来；高光主要用于控制照片的亮部，降低后就避免了天空的云层部分过曝，最终显示出了良好的层次。

小提示 本例中在没有必要提高对比度的前提下，仍然强行提高了对比度，这样可以进一步丰富照片的影调层次。提高对比度后，为避免暗部和亮部损失细节，一般必须降低高光和提亮阴影，但这样会无可避免地提高了画面的色彩浓郁程度，有时会显得不够真实、自然。

照片的影调层次修饰到位后，分析照片的整体效果，你会发现天空面积偏大，这样天际线就过于靠近画面中线，因此可适当裁掉一部分天空，尽量让天际线位于三分线附近。在 ACR 中裁剪照片时，没有构图辅助线，我们只要根据自己的感觉进行操作就可以了。

裁剪完成后，点击工作区右下角的"在'原图/效果图'视图之间切换"图标按钮，可以观察处理前后的效果对比，如右图所示。

自动色调功能的使用技巧与价值

以上一切都是手动调整的结果，大部分情况我们也是这样调整的。在对照片的色调处理区域中，还有一个比较有意思的功能——"自动"色调处理。在色调处理区域的上方，我们可以点击"自动"这个按钮，那么 ACR 就会根据原照片的明暗情况进行智能的优化，优化效果如右图所示。

从修改后的照片效果我们可以看到，照片明暗及层次均得到了优化。对于初学者来说，如果对照片曝光及明暗影调层次的理解并不深，那可以考虑直接使用"自动"处理功能，让软件代替我们的工作对照片进行优化，效果还是不错的。自动处理与手动调整的效果相比，创意性有些不足，对于后期能力较强的用户来说，还是建议使用手动处理，这样效果更鲜明一些，画面整体也会更加明快，层次分明。

小提示 "自动"色调功能对于后期高手来说，是具有一定参考价值的。在进行手动调整之前，可以先点自动处理，查看各调整滑块的变化情况。那我们在手动调整时，就可以有参照性地进行操作了。

清晰度调整对照片的改变

清晰度是衡量一张照片成败的指标之一。清晰的照片会让人感觉非常舒适，而不清晰的照片会让人感觉照片画质不够细腻，画面不够讲究。一般的风光照片，对于清晰度的要求非常高，所以在大多数情况下，需要在后期软件中对照片的清晰度进行适当调整。

这里所讲的清晰度，是指照片的整体清晰程度，而非锐度。锐度更多的是针对像素边缘轮廓的强化，而清晰度在更大意义上来说是针对景物整体边缘轮廓的强化。一旦调整清晰度选项，那照片中景物的轮廓边线就会有非常明显的变化；如果提高锐度，则效果不会特别明显。只有放大照片时，才会看出像素细节更加丰富、锐利。

清晰度调整选项位于"基本"选项卡的下方。对于一般意义上的风光题材，因为光圈不会特别大，景物已经很清晰，往往不需要调整该选项，但对于人像题材，适当降低清晰度和饱和度，会让人物的面部显得光滑、白皙，如上图所示。

对于建筑类题材，在确保照片不会失真的前提下，应该尽量提高清晰度，这样可以强化建筑物表面的轮廓边线，让照片更加清晰，质感强烈，如右图所示。

小提示　清晰度越高，景物轮廓越明显，视觉冲击力也变得越强，但如果提得过高，那可能会出现暗部和亮部细节损失的问题，所以有时还要与上面的高光、阴影两个参数配合起来使用。

16.3 镜头校正与特效效果

从概念上来看，镜头校正会给人高大上的感觉，但在你了解其工作原理之后，会明白与其他后期调整功能并没有多少不同。

启动配置文件校正与修复暗角

照片的暗角形成有三个原因：其一，所拍摄场景的光线进入相机，到达感光元件中间的距离要比到四周边角的距离近一些，并且光线强度也有差别，这样就会造成四角与中间的曝光程度可能会有轻微的差别，即四周稍低一些，于是就产生了暗角，使用广角镜头时这种暗角现象最为明显；其二，拍摄时设定的光圈如果很大，几乎接近了镜头的直径，镜壁就可能会产生阴影，当然这与镜头的设计也有一定关系；其三，如果滤镜或是遮光罩的安装不正确，又或是设计有问题，那么也会产生非常黑的暗角，这种暗角通常被称为机械暗角。

针对机械暗角，几乎是无法通过后期软件进行校正的。一旦拍摄完成，解决方案就只有一个，就是裁剪。针对前两种暗角，在 ACR 中启用配置文件就可以进行很好的修复，并且，在修复暗角的同时，还可以对照片中的几何畸变产生很好的校正效果。如右图所示，可以看到照片的 4 个角轻微偏暗，观察画面中的线条可以发现，是有一些几何畸变的。

要解决这种几何畸变，就需要在镜头校正面板中切换到配置文件选项卡，然后在选项卡上方勾选"启用配置文件校正"复选项。此时，系统会自行识别拍摄用的机型及镜头等器材，如右图所示。系统识别出相机制造商和镜头信息后，你会发现照片的几何畸变和暗角都得到了很好的校正。另外一些时候，暗角校正可能会让照片四周变得太亮，即校正过度。此时，可以调整底部的晕影滑块，让暗角的校正变得完美起来。同样地，如果几何畸变的校正不够理想，那你调整扭曲度滑块就可以了。

删除色差：紫边与绿边修复

　　紫边（或绿边）的产生有两大方面的原因。其一，背光拍摄、大光比是紫边（或绿边）产生的自然原因。所拍摄的照片亮部与背光的暗部结合部位会产生紫边，当然也可能是绿边。其二，镜头内透镜组件的光学性能不足、感光元件 CMOS 上成像单元密度过大等是紫边（或绿边）产生的技术原因。自然原因无法避免，但相机厂商在高性能镜头中采用非球面镜片，可以有效地抑制色散及紫边（或绿边）现象，或是这种现象会非常轻微。

　　如果照片中产生了紫边（或绿边）现象，也没必要紧张。在一般情况下的紫边（或绿边）效果非常微弱，以正常尺寸观察照片，几乎是不可见的，如右图所示。当然，如果仔细观察，可以发现紫边（或绿边）的部分并不算自然，且在放大照片时会变得比较明显。这样来看，即便不对紫边（或绿边）进行修复，也无伤大雅。如果对照片画质要求很高，那么可以在后期软件中轻松地校正和修复紫边（或绿边）。

　　放大照片，可以帮助你更清晰地看到色彩失真的边缘。切换到"镜头校正"选项卡，勾选"删除色差"复选框，失真的色彩边缘一般都会得到很好的校正。修复紫边（或绿边）前后的效果对比如右图所示。

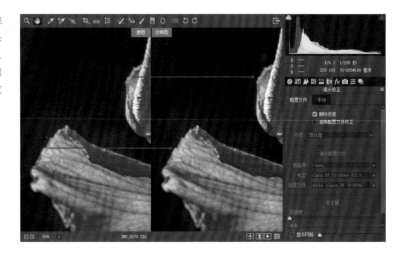

　　小提示　　"删除色差"处理，是由软件经过内部计算和识别，自动完成校正的。如果你感觉自动校正的效果不够理想，也可以利用手动修复的方式来进行校正。在所选出的色彩范围之内，拖动量滑块，就可以对失真的紫边（或绿边）进行很好的修复了。

Upright：水平与竖直校正

如果照片的水平线发生倾斜，可以在 Photoshop 软件中利用拉直或是旋转工具进行调整。在 ACR 中，我们可以利用拉直工具调整。此外，还有一个非常好用的功能，即 Upright。在之前的版本中，Upright 功能是集成在"镜头校正"选项卡下的"手动"子选项卡内的，但在 ACR 9.8 版本中，已经提示移动到了 Transform 工具，如右图所示。

所谓的 Transform 工具，翻译为中文是指变换工具。它位于 ACR 顶部工具栏的中间位置，点击即可打开该工具。除水平之外，还有自动、垂直、完全等几个按钮。如果照片的水平线发生了倾斜，而照片中又存在明显的水平线，那直接单击"水平：仅应用水平校正"即可对照片水平完成校正，如下图所示。

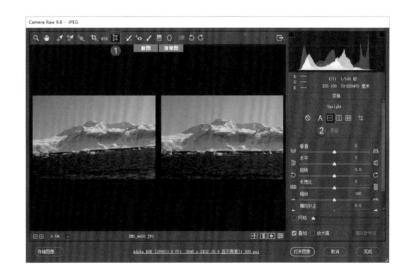

如果照片中的水平线不够明显，但存在一些明显竖直的线条，如现代化楼宇等，点击"纵向：应用水平和纵向透视校正"就可以完成校正；对于水平和纵向上都没有太明显线条的照片，可以考虑使用"完全：应用水平、横向和纵向透视校正"调整；还可以选择最后一个选项 "通过使用参考线：绘制两条或更多参考线，以自定义透视校正"来手动校正照片的工整性。

小提示　最简单的方法，是直接点击最前面的"自动：应用平衡透视校正"按钮，绝大多数都可以让照片变得横平竖直，非常工整起来。

16.4 照片细节优化：锐化与降噪

在 Photoshop 软件中，可以利用 USM、智能锐化等滤镜对照片进行处理，让照片画面变得更加锐利、细节丰富。在减少杂色滤镜中还可以对照片进行降噪处理，让原本有较多噪点的照片画质变得细腻、平滑起来。在 ACR 中，有关照片锐化与降噪的功能，都集成在了细节选项卡中。我们将通过如右图所示的照片，来介绍 ACR 中照片锐化和降噪的技巧。

这里，需要注意两个问题。

（1）对于一般光线下的照片，通常是先进行锐化处理，然后再对锐化产生的噪点进行降噪处理，但针对有大量噪点的弱光照片，要先在"细节"选项卡中进行降噪处理，然后再进行锐化处理。

（2）照片的处理流程是这样的：先对照片的构图（裁剪二次构图）、明暗影调、色彩进行处理，然后才是在"细节"选项卡中进行锐化或是降噪的处理。

观察照片放大后的效果，你会发现，噪点真的非常严重。对于噪点如此严重的照片，应先考虑怎样把噪点降下来，让画质变得平滑。在细节选项卡下方的参数组中，可以看到减少杂色区域。在该区域中有多个参数，"明亮度"表示降噪的程度，与在 Photoshop 软件进行降噪时的"强度"参数功能一样。这里提高明亮度数值，你会发现画面中的噪点明显减少了，效果对比如右图所示。

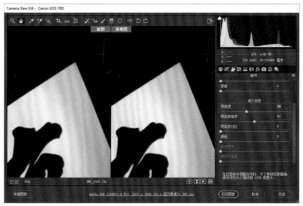

这里有两个要点需要注意一下：向右滑动明亮度滑块后，颜色细节滑块直接跳为 50，这个参数用于抵消提高明亮度降噪所带来的细节损失，参数越大，保留的细节越多，即降噪效果越不明显；对比度这个参数用于抵消降噪带来的对比度下降，该功能非常不明显，保持默认的 0 即可。

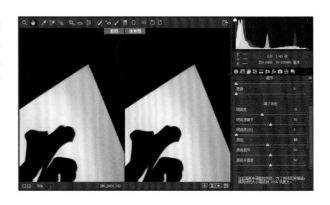

当前的降噪已经有了一定效果，但仍然存在大量彩色的噪点。这时，就需要使用颜色滑块来进行调整了。提高颜色滑块的数值，可以发现彩色噪点被消除掉了，如上图所示。同样地，在"颜色"滑块下方，也有两个可以进行微调效果的滑块。其中，颜色细节参数用于抵消一部分降噪对色彩的影响；颜色平滑度则更有用一些，可以消除暗部密集的彩色小噪点。在调整颜色滑块之后，这两个参数均自动跳为 50，保持默认即可，因为即便调整这两个滑块，对画面效果的影响也非常不明显。

画面中的大部分噪点都被消灭掉了，但照片的锐度却有所下降，细节也有一定损失。为此，就可以回到界面上方的锐化区域进行调整了。在锐化区域有4个参数。其中，数量这个滑块命令非常简单，与 USM 锐化和智能锐化中的数量概念基本上是一样的，但是在这里的数量调整效果会更加明显一些。在通常情况下，ACR 中对照片进行锐化，数量值的设定一般不宜超过 100，设为 50 左右时锐化效果就非常明显。

半径滑块命令也非常简单，唯一需要注意的是这里的半径不是以像素为单位的，通常不能设定太大，建议设定为 0.5 ~ 1.5 的数值，最大不宜超过 1.5。

细节滑块命令的含义是这样的：数值较低时不锐化照片中的细节，设定高的数值时会突出照片的细节。建议在对照片进行了降噪之后，就不要再滑动细节滑块，让其保持在 0 ~ 30 这个范围内的数值即可。如果在对光线比较理想条件下拍摄的照片，没必要进行降噪处理时，可以适当增大这个数值。照片的锐化参数及锐化前后的效果对比如上图所示。

16.5　滤镜与画笔调整

渐变滤镜：分区处理照片

来看右边这个照片，拍摄的是太阳升起之前的金山岭长城。地面的山景及长城曝光都比较理想，但天空部分却稍稍显得有些过亮，以致云的层次显示不出来了。在处理这张照片时，笔者的想法是想让天空变得稍稍暗一点，以显示出云的层次和更多细节，且长城及山景的亮度就尽量不要发生变化了。使用渐变滤镜可以实现这种效果。

小提示　如果天际线是倾斜的，那我们可以将鼠标放在制作渐变用的横线上，左右拖动来改变我们制作的渐变的角度。

点击选中渐变滤镜，然后将鼠标移动到照片上，点住不松开，向下拖动。此时可以发现，照片中出现了两条横线，横线中间为制作的渐变。此时，右侧出现了一个新的面板。其中有大量可调整的滑块，与基本选项卡内的各种调整滑块有些类似。

找到合适的渐变位置，然后在右侧的面板中对天空部分的曝光、阴影、清晰度等参数进行调整。此时，你可以发现天空部分变得暗了一些，显示出了更多的层次和细节，并且效果的过渡是很自然的，如上图所示。

径向滤镜：营造聚焦效果

学习过渐变滤镜工具的使用方法之后，再接触后面的径向滤镜就容易了很多。渐变滤镜通过建立条状的区域来分割画面，实现对照片局部的明暗、色彩、清晰度等的调整；径向滤镜通过建立封闭的圆形或椭圆形区域，营造出类似于聚焦的效果。下面来看具体的实例，如右图所示。原来的照片画面明暗是比较均匀的。现在笔者想要的效果是让人物明亮，而陪体及背景都暗一些，这样渐变滤镜就无法满足要求了。点击选中"径向滤镜工具"，在照片中拖动鼠标，将人物圈出来，并且可以调整圆形的线条改变形状。本例中就将圆形拖为了椭圆形，以正好将人物勾选了出来。

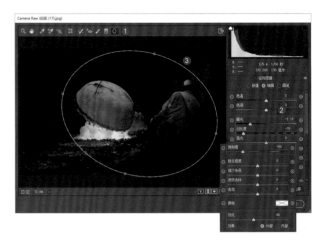

接下来，就是在调整项中调整各项参数了。适当降低曝光值、阴影等参数，这样可以确保背景变暗。（如果在下方勾选"内部"，那变暗的就是圆形区域内部了）另外，羽化滑块的作用是让圆形区域内外的过渡更自然、平滑。调整完毕后，点击工作区右下角的完成按钮即可。

原图

这样就调整完成了。调整前后的照片效果对比如左图所示。

效果图

好用的调整画笔功能

工具栏中倒数第 3 个工具是调整画笔。画笔与径向滤镜非常像，区别只有两点：径向滤镜是形状可调，可以是圆形，也可以是椭圆形，但画笔就是圆形的；另一点是画笔的流量是可调的（即密度调整），但径向滤镜的不透明度是不可调的。除了以上两点差别之外，几乎所有的调整参数都是完全一样的，并且使用的技巧也相差不多。选择调整画笔后，在右侧的参数面板中，我们可以看到与径向滤镜几乎完全一致的调整项。

在右图所示的案例中，设定较低的曝光值，较小的对比度，并设定适当的阴影和黑色等参数，在人物周边涂抹。

通过对人物周边区域涂抹，可以让除人物之外的整个场景都暗下来，让人物形象更醒目、突出一些。调整前后的效果对比如下图所示。

小提示

调整画笔的优势

相比于径向滤镜，调整画笔工具的使用会更加方便，设定大小合适的直径后，可以在照片上任意位置进行涂抹，改变这些位置的局部影调、色调及细节表现力。

光圈f/1.8，快门速度1/160s，焦距85mm，感光度ISO100

17 风光照片
后期处理

对于一般的风光照片来说，后期处理主要涉及清晰度、明暗对比、色彩效果、构图等方面的调整。此外，有时还会涉及照片合成的技巧。

17.1 一般风光：修片流程与思路

只要学习过一般的后期修片思路和技巧之后，对于大部分的风光题材照片，我们就都可以按照相对标准的流程，进行快速的处理。其中，大部分技巧都非常简单，我们之前也都介绍过了，所不同的在于照片整体修饰完毕后，还要对局部进行强调。下面我们介绍风光照片的主要调整思路。

校准照片

首先你要知道一件事，那便是后期修片的最佳对象是 RAW 格式原片。对于这种原始文件，只要在计算机上点住，拖入 Photoshop 软件，就会自动在 ACR 中打开。（如果没有 RAW 格式原片，那也没有关系，JPEG 格式同样可以在 ACR 中打开）

对于打开的 RAW 格式原片，处理的第一步是对照片进行整体的校正。切换到"相机校准"选项卡，从名称的下拉列表中选择 Camera Landscape 风光风格。此时，照片当中天空的色调及照片整体影调都会发生一些变化。（如果我们处理的是人像类题材，那可以选择 Camera Portrait 人像风格。此外，还有其他一些风格，可根据实际情况来选择）

接下来，切换到镜头校正选项卡，在其中勾选"删除色差"和"启用配置文件校正"这两项。

删除色差可以消除逆光主体边缘的绿边或紫边。启用配置文件校正可以消除超广角镜头的四周暗角，并校正照片边缘的一些几何畸变。如果自动校正的效果不够理想，我们还可以调整底部的校正量，调整时只要拖动滑块即可。调整后的照片效果便如右图所示。

至此，对照片的校正就基本完成了，包括照片风格和镜头校正这两部分。

调整色温和白平衡

第二步，对照片的色温和白平衡进行调整，也就是对色彩进行校准。如果你感觉照片色调偏冷，那么很简单，只要提高色温值就可以了；如果你感觉色彩有些粉嫩、比较暗淡，不够绿意盎然，那就适当地向左拖动色调滑块。

另外，你还可以按一天之中色温变化的规律，根据实际情况来拖动色温，对照片进行校色。本例中，照片的色温值是没什么问题的，照片色彩也比较准确，只是作为佳能用户，笔者个人比较习惯降低 2 个色调值。

这样，色温和色调(也就是白平衡)调整就完成了。

调整曝光量

第三步，对照片的整体明暗状态进行调整。

根据直方图的分布状态，拖动曝光滑块，让直方图中白色的主体部分大致位于中间位置，这样照片整体的明暗就会比较准确了。接下来，调整白色和黑色滑块：白色用于控制照片最亮的部分，拖动滑动以直方图右端刚好触及右侧，且右上的三角标刚好不变白色为准；黑色用于控制照片最暗的部分，拖动滑块，以直方图左端刚好触及左侧，且左上的三角标刚好不变白为准。参数调整及照片效果如右图所示。

改善影调

第四步，改善照片的明暗影调层次的分布状态。

如果像素在两侧较少，中间较多，即直方图的中间凸起。这表示照片对比度太低，要提高对比度来丰富明暗影调层次。本照片中，虽然两侧像素已经较多，而中间较少，但由于是日落的高反差画面，因此我们可以根据个人喜好，仍然来提高对比度，这样会让照片的明暗影调层次更加丰富。

唯一需要注意的是，对比度如果提高幅度太大，那照片的色彩饱和度就会相应提高。

另外，我们提高对比度，会让暗部更暗，亮部更亮，这可能会造成直方图左上和右上的三角标变白，即暗部或亮部溢出，因此要适当改变高光和阴影的参数值。如果亮部溢出了，那就适当向左拖动亮部滑块降低高光；如果暗部溢出了，则要适当向右拖动阴影滑块提亮暗部。根据照片的状态，此时的参数调整和画面效果如上图所示。

强化质感

第五步，强化照片景物轮廓和锐度，也就是强化照片整体的质感。

ACR 基本选项卡底部的清晰度参数，用于强化景物边缘轮廓，向右拖动滑块，可以让景物轮廓更清晰。提高清晰度后你会发现，照片暗部和亮部也产生一定影响，因此提高清晰度后，可能还要微调上面的阴影、高光等参数。

此时的参数调整及照片效果如右图所示。可以看到，景物的轮廓更加清晰了。

与清晰度调整不同，锐化可以强化像素边缘的清晰程度，因此我们切换到细节选项卡，在其中适当提高锐化的数量值，即锐化强度。这种调整可以让照片的细节更为清晰、锐利。至于下方的半径、细节及蒙版选项卡，建议保持默认。

半径与锐化数量的功能相似，是指我们锐化操作所能影响的像素范围。如果将半径设定为 1，那么锐化的对象是像素边缘之外的 1 个像素；如果将半径设定为 10，那表示我们锐化对象之外的 10 个像素都会受到影响，那样锐化强度就会太高，景物边缘会出现亮边，失真。在大部分情况下，锐化的半径要保持在 0.5 ～ 1。

细节是锐化后对细节的影响程度。这个值越大，细节也会越清晰，但过大的值会让画面看起来不够平滑，因此一般保持默认即可。

蒙版用于控制锐化的区域。一旦我们设定了较高的蒙版值，那软件就会限定你只能锐化景物边缘，而对于没有明显边缘的平滑区域，则不进行锐化。在对人物的面部进行锐化时，提高蒙版值可以让你只锐化人物的眼睛、嘴唇等边缘痕迹区域，而对于腮部等大面积的皮肤部分则不进行锐化，以免使其显得不够平滑、柔和。

根据需要使用分离色调

经过上述的调整，照片就调整完毕了。现在唯一的问题是色调不够理想，没有明显的亮点，即该突出的部分不够明亮，晚霞也不够绚烂。也就是说，局部表现力不够，那接下来我们的任务就是对照片的局部进行分别调整。这也通常是风光照片后期最后，也是最重要的一个环节。

首先，我们要将地面和天空分开来看。对于这种日出、日落的照片，天空往往呈现为暖色调，而地面如果能渲染一点冷色，则会非常漂亮。切换到分离色调选项卡，在其中对高亮的天空部分进行暖色调的渲染。从图中可以看到，色相确定为了红色，并适当提高饱和度，这样天空就会变得比较暖了。

用同样的方法，对地面进行色彩渲染。地面渲染为了蓝青色。渲染完毕后，可以拖动中间的平衡滑块，用于控制我们的调整是对亮部还是对暗部的影响更大。

经过分离色调的色彩渲染，我们可以看到，照片的色彩更有表现力了。（对于色彩调整的把握，每个人的感觉不同，并且调整的位置不同也会有很大影响，因此应该多尝试几种配色，以找到最佳效果）

根据需要确定是否局部调整

初步调色完毕后，我们发现地面景物比较暗，而本照片中，地面的岩石造型还是很有特色的。如果我们能够强化下前景岩石的亮度和质感，就可以让照片更有深度、更加悠远。在顶部的工具栏中，选择渐变滤镜，制作从下向上的渐变。渐变的调整参数主要有提高清晰度来强化轮廓，提亮阴影让地面变亮。为了防止亮部溢出，还应适当降低高光。

这样，照片的整体就调整完毕了。如果对照片比较满意，保存就可以了；如果感觉色彩有点沉闷，那可以切换回到基本选项卡，对色温和色调进行微调，也可以再次进入分离色调选项卡，对渲染的色彩进行微调。这样最终的照片效果便如左图所示。

总结

对于绝大多数的照片，我们均可以采用上述方法进行调整，整个过程非常简单、快捷。在色彩的渲染方面，由于大多数照片是在日出与日落等黄金时间段拍摄的，因此一般是高光部分渲染暖色调，暗部渲染冷色调。如果照片是在上午、下午或中午等时间段拍摄的，天空有云不够蓝，那可以考虑高光部分渲染蓝色，让天空蓝起来，画面会更漂亮。

17.2 夜景风光

夜景与一般风光题材不太一样，可能明暗影调层次会更加丰富一些，并且从直方图来看也会不太标准，因此我们不能按照一般直方图调修的思路来操作。下面我们通过一张夜景星轨照片的后期调整，来介绍夜景风光的后期处理技巧。

对于 RAW 格式原文件，直接拖入 Photoshop 软件就可以在 ACR 中打开。对于 JPEG 格式照片，我们可以先在 Photoshop 软件中打开，然后选择"滤镜"—"Camera Raw 滤镜"菜单命令，这样也可以在 ACR 中打开照片。所不同的是这样打开的 JPEG 格式照片，在 ACR 中不能进行裁剪等操作，即功能是要受到一些限制的。

 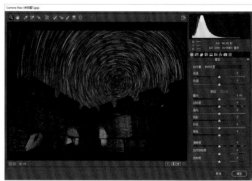

根据之前介绍过的高光、阴影、黑色、白色的概念和使用技巧，对照片进行初步优化。这里要注意的是夜景照片，一般应渲染上一些蓝色，这样画面看起来会更加通透，给人一种非常平静、干净的视觉感受。为此，降低了色温和色调值。

拍摄夜景，一般是广角镜头甚至是超广角镜头的效果更好，但使用超广角镜头拍摄时，画面四周的暗角又无法避免。因为打开的是 JPEG 格式照片，在镜头校正选项卡中，没有可启用的配置文件，所以需要我们直接在底部调整晕影，来降低暗角对照片的影响。

 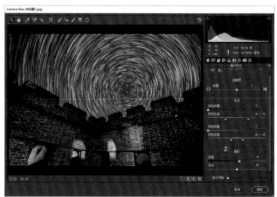

一般的夜景照片，如果我们使用低感光度，曝光时间控制在 30s 以内，那照片的噪点可能并不会太严重；对于这种星轨照片，如果使用高过 ISO2000 的感光度，采用 30s ~ 120s 的曝光时间拍摄，那照片噪点一定会非常明显，因此需要进行降噪操作。

切换到细节选项卡，在下方的减少杂色区域当中，可以看到明亮度、明亮度细节、明亮度对比、颜色、颜色细节和颜色平滑度几个参数。对于降噪来说，我们只调整明亮度和颜色就足够了。

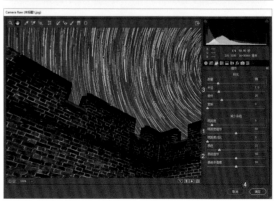

明亮度用于消除照片当中的单色噪点，而颜色用于消除噪点的颜色。也就是说，我们可以轻微提高明亮度来进行降噪。这时，颜色参数变为可调，提高颜色值，让彩色噪点变为单色，再提高明亮度值，消除明显的噪点。通过降噪，我们可以很轻松地让照片变得干净起来。

要注意的是，降噪能够消除噪点，但也会让照片锐度下降，因此往往还要适当提高锐度，让照片更加细腻。

最后，点击"确定"按钮返回软件主界面就可以了。

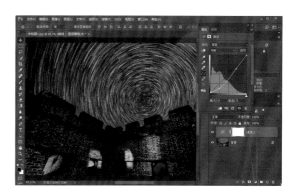

在软件主界面，从整体上进行观察，如果对照片比较满意了，那保存即可；如果感觉缺少一些明暗影调层次，则可以继续调整。

在主界面右下角图层面板的底部，点击左边数第 4 个创建调整图层图标。在展开的列表中选择"曲线"，创建曲线调整图层。在打开的曲线调整面板当中，继续降低暗部亮度，然后轻微恢复一些亮部的亮度，这样相当于增加了对比，照片的明暗影调层次就会更加丰富一些了。

照片调整完毕后，右键点击背景图层图标右侧的空白处，在弹出的菜单中选择"拼合图像"命令，合并图层，再将照片保存就可以了。照片的最终效果如下图所示。

总结

在夜景风光的修片过程当中，我们没有纠结于直方图的分布状态，因为这种画面的直方图一般不会合理，总是左坡的，属于曝光不足型，但夜景照片就是这样。不过我们仍然应确保不要有过多的暗部和亮部像素损失。

17.3 一键去雾修大片

风光照片，最怕的是灰雾度高，不够通透，这样照片就不会干净、清澈，也不够漂亮，但这无可避免，在雾霾弥漫的城市中，在晨雾中，或是隔着飞机窗户拍摄时，可能都会产生这种问题。在 ACR 中，有照片去雾功能，可以实现很好的去雾效果，让照片变得通透起来。

去雾功能的使用非常简单，只要提高这个参数值就可以了。要注意一点，照片进行去雾操作后，色彩的饱和度、反差等可能会产生剧烈的变化，所以要结合着 ACR 的其他选项卡，同时对明暗影调及色彩等进行相关处理，最终获得整体非常理想的照片效果。下面来看具体案例，落日、白塔，本是很美的画面，但照片却不够通透、干净。

切换到效果选项卡，我们准备使用去除薄雾功能来进行初步的优化，如右图所示。

直接向右拖动去朦胧下的滑块，提高去除薄雾的参数值，可以看到照片变得通透了很多，但相应的对比度也明显变高，色彩变得更加浓郁。与此同时，一些局部还出现了暗角及影调不匀的现象，如左上角的明暗过渡变得散乱，还出现了明显的暗角。

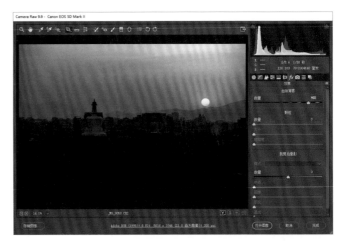

这时就需要按照我们前面所介绍的，对照片去除薄雾操作后，虽然灰雾度会降低，照片变得很通透，但却要借助于 Lightroom 的其他功能来消除一些不利的影响。

首先，我们切换到镜头校正选项卡，勾选"启用配置文件校正"，对照片的边角和暗角进行校正。如果启用配置文件校正的效果不够明显，那还应该拖动底部的"暗角"等参数进行手动校正，如右图所示。

对边角校正后，我们再来优化照片的明暗影调层次问题。此时，可以看到照片的暗部明显太黑，看不清层次，因此我们切换到基本选项卡，在其中对阴影部分进行提亮操作，让暗部显示出更多的层次。与此同时，再适当调整色温，让照片的色彩更加漂亮。这时的参数设定及照片效果如右图所示。

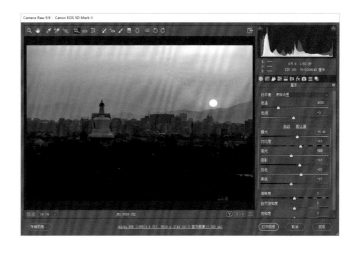

至此，照片的影调及色彩就调整完毕了。最后在工具栏中选择"裁剪工具"，对照片进行裁剪，去掉周边一些不够理想的位置，如右图所示。

照片裁剪完毕后，也就彻底处理完了。最后可以对比处理前后的照片效果，如右图所示。

小提示　从本例整个的调整过程来看，ACR 当中有很多好用的工具，并不是单独使用的，往往要与其他功能结合起来使用，才能让最终得到的照片有更理想的效果。

▶ 光圈f/1.8，快门速度1/160s，焦距85mm，感光度ISO100